表情丰富的 棒针动物提花花样

Expressive ANIMAL PATTERN

日本 E&G 创意 / 编著

叶宇丰 / 译

中国纺织出版社有限公司

日文原版图书工作人员

图书设计

mill inc.（原 terumi　星野爱弓）

摄影

大岛明子（作品）本间伸彦（步骤、线材样品图）

造型

川村茧美

作品设计

池上舞　远藤裕美　冈鞠子　冈本启子

镰田惠美子　河合真弓　松本薰　沟端裕美

编织方法解说

木村一代　佐佐木初枝

绘图

木村一代　谷川启子

步骤解说、编织方法校对

增子满

步骤协助

河合真弓

材料

株式会社 DAIDOH FORWARD PUPPY 事业部

TEL 03-3257-7135

〒101-8619

千代田区外神田 3-1-16 Daidoh-limited 大楼 3 层

HAMANAKA 株式会社

TEL 075-463-5151（代表）

〒616-8585

京都市右京区花园薮下町 2 号地 3 号

摄影协助

〈UTUWA〉

TEL 03-6447-0070

〒151-0051

涩谷区千驮谷 3-50-11 明星大楼 1 层

原文书名：棒針編みの楽しい編み込み 表情豊かなアニマルパターン
原作者名：E&G CREATES

Bobari Ami No Tanoshii Amikomi Hyojo Yutakana Animal Pattern

Copyright ©apple mints 2022

Original Japanese edition published by E&G CREATES.CO.,LTD.

Chinese simplified character translation rights arranged with E&G CREATES.CO.,LTD.

Through Shinwon Agency Beijing Office.

Chinese simplified character translation rights © 2024 by China Textile & Apparel Press.

本书中文简体版经日本E&G创意授权，由中国纺织出版社有限公司独家出版发行。本书内容未经出版者书面许可，不得以任何方式或任何手段复制、转载或刊登。

著作权合同登记号：图字：01-2024-0557

图书在版编目（CIP）数据

表情丰富的棒针动物提花花样 / 日本E&G创意编著；叶宇丰译. -- 北京：中国纺织出版社有限公司，2024.5

ISBN 978-7-5229-1496-1

Ⅰ. ①表… Ⅱ. ①日… ②叶… Ⅲ. ①毛衣针－绒线－编织 Ⅳ. ①TS935.522

中国国家版本馆CIP数据核字（2024）第052411号

责任编辑：刘茸　　特约编辑：张瑶
责任校对：王花妮　　责任印制：王艳丽

中国纺织出版社有限公司出版发行

地址：北京市朝阳区百子湾东里 A407 号楼　邮政编码：100124

销售电话：010—67004422　传真：010—87155801

http://www.c-textilep.com

中国纺织出版社天猫旗舰店

官方微博 http://weibo.com/2119887771

北京华联印刷有限公司印刷　各地新华书店经销

2024 年 5 月第 1 版第 1 次印刷

开本：787×1092　1/16　印张：5.25

字数：136 千字　定价：59.80 元

凡购本书，如有缺页、倒页、脱页，由本社图书营销中心调换

目录 Contents

散步包… p.7

围巾… p.13

抱枕套… p.19

茶壶套… p.25

小挎包… p.31

零钱包… p.37

1
迷你雪纳瑞〈脸〉
p.6

2
迷你雪纳瑞〈全身〉
p.6

3
玩具贵宾犬
p.8

4
法国斗牛犬
p.8

5
柴犬
p.9

6
花猫〈脸〉
p.10

7
花猫〈尾巴〉
p.10

8
三色猫
p.11

9
茶虎猫〈脸〉
p.12

10
茶虎猫〈尾巴〉
p.12

11
企鹅
p.14

12
海豹
p.14

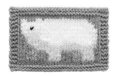

13
白熊
p.15

14
黑天鹅与白天鹅
p.16

15
火烈鸟
p.17

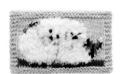

16
银喉长尾山雀
p.18

17
熊猫〈脸〉
p.20

18
熊猫〈躺姿〉
p.21

19
羊
p.22

20
羊驼
p.22

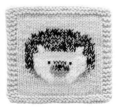

21
刺猬〈脸〉
p.23

22
刺猬〈全身〉
p.23

23
兔子〈脸〉
p.24

24
兔子〈背影〉
p.24

25
仓鼠
p.26

26
松鼠
p.26

27
鹿〈脸〉
p.27

28
鹿〈全身〉
p.27

29
考拉〈脸〉
p.28

30
考拉〈母子〉
p.28

31
狐狸
p.29

32
小熊猫
p.29

33
熊〈脸〉
p.30

34
熊〈背影〉
p.30

35
狮子
p.32

36
老虎
p.32

37
长颈鹿
p.33

38
犀牛
p.34

39
袋鼠
p.35

40
大象
p.36

※为便于理解，将重点课程解说步骤中的线材进行了替换。
※由于印刷的原因，线材可能存在色差。

5

///////

1

迷你雪纳瑞〈脸〉

制作方法 … p.45
尺寸 … 15cm×15cm

///////

2

迷你雪纳瑞〈全身〉

制作方法 … p.45
尺寸 … 15cm×15cm

设计 & 制作 … 河合真弓

散步包

制作方法 ··· p.46

　　遛狗必备的散步包。包包和爱犬的组合，让人不禁心动。若是日常使用，也可以换成自己喜爱的花样，请享受改编的乐趣吧！

设计 & 制作 ··· 河合真弓

7

3

玩具贵宾犬

制作方法 … p.48
尺寸 … 15cm×15cm

4

法国斗牛犬

制作方法 … p.48
尺寸 … 15cm×15cm

设计 & 制作 … 沟端裕美

/////

5

柴犬

制作方法 ⋯ p.49
尺寸 ⋯ 15cm×10cm

设计 & 制作 ⋯ 沟端裕美

6

花猫〈脸〉

制作方法 ⋯ p.50

尺寸 ⋯ 15cm×15cm

7

花猫〈尾巴〉

制作方法 ⋯ p.50

尺寸 ⋯ 15cm×15cm

设计 & 制作 ⋯ 沟端裕美

/ / / / / /

8

三色猫

制作方法 … p.51
尺寸 … 15cm×15cm

设计 & 制作 … 沟端裕美

9

茶虎猫〈脸〉

制作方法 … p.52
尺寸 … 15cm×15cm

10

茶虎猫〈尾巴〉

制作方法 … p.52
尺寸 … 15cm×15cm

设计 & 制作 … 沟端裕美

围巾

制作方法… p.54

将 **9** 和 **10** 的花样组合在一起，再加上猫背的条纹花样，织成一整只茶虎猫花样的围巾。缠绕在脖子上的茶虎猫，是寒冷冬季的时尚单品！

设计 & 制作 … 沟端裕美

11

企鹅

制作方法 ··· p.53
尺寸 ··· 15cm×15cm

12

海豹

制作方法 ··· p.53
尺寸 ··· 15cm×15cm

设计 & 制作 ··· 远藤宏美

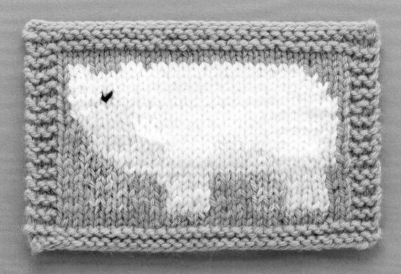

/ / / / / / /

13

白熊

制作方法 ··· p.56
尺寸 ··· 10cm×15cm

设计 & 制作 ··· 远藤宏美

15

//////

14

黑天鹅与白天鹅

制作方法 ⋯ p.56
尺寸 ⋯ 10cm×15cm

设计 ⋯ 冈本启子　**制作** ⋯ 广川笑子

16

15

火烈鸟

制作方法 … p.49

尺寸 … 15cm×10cm

设计 … 冈本启子　制作 … 广川笑子

16

銀喉长尾山雀

制作方法 ⋯ p.57
尺寸 ⋯ 10cm×15cm

设计 & 制作 ⋯ 镰田惠美子

抱枕套

制作方法 ··· p.58

在抱枕套的上下两端织入波点花样，与银喉长尾山雀十分相配。也可以根据心情或室内风格来改变抱枕套的前后花样。

设计 & 制作 ··· 镰田惠美子

//////

17

熊猫〈脸〉

制作方法 … p.51
尺寸 … 15cm×15cm

设计 & 制作 … 冈鞠子

,,,,,,
18

熊猫〈躺姿〉

制作方法 ⋯ p.57
尺寸 ⋯ 10cm×15cm

设计 & 制作 ⋯ 冈鞠子

,,,,,,

19

羊

制作方法 … p.60
尺寸 … 15cm×15cm

,,,,,,

20

羊驼

制作方法 … p.60
尺寸 … 15cm×15cm

设计 & 制作 … 池上舞

21

刺猬〈脸〉

制作方法 ⋯ p.61
尺寸 ⋯ 15cm×15cm

22

刺猬〈全身〉

制作方法 ⋯ p.61
尺寸 ⋯ 15cm×15cm

设计 & 制作 ⋯ 池上舞

23

兔子〈脸〉

制作方法 ⋯ p.62

尺寸 ⋯ 15cm×15cm

24

兔子〈背影〉

制作方法 ⋯ p.62

尺寸 ⋯ 15cm×15cm

设计 & 制作 ⋯ 池上舞

茶壶套

制作方法 … p.64
重点课程 … p.38

　　用 23 的花样加上麻花花样和泡泡针，改造成茶壶套。亲手制作的日用温馨小物件，作为礼物也十分合适。

设计 & 制作 … 池上舞

25

仓鼠

制作方法 … p.63
尺寸 … 15cm×15cm

26

松鼠

制作方法 … p.63
尺寸 … 15cm×15cm

设计 & 制作 … 镰田惠美子

27

鹿〈脸〉

制作方法 ⋯ p.66
尺寸 ⋯ 15cm×15cm

28

鹿〈全身〉

制作方法 ⋯ p.66
尺寸 ⋯ 15cm×15cm

设计 & 制作 ⋯ 镰田惠美子

29

考拉〈脸〉

制作方法 ··· p.67
尺寸 ··· 15cm×15cm

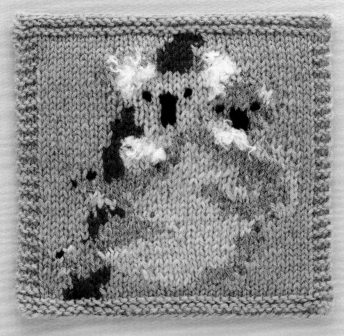

30

考拉〈母子〉

制作方法 ··· p.67
尺寸 ··· 15cm×15cm

设计 ··· 冈本启子　**制作** ··· 广川笑子

////////

31

狐狸

制作方法 ⋯ p.68
尺寸 ⋯ 15cm×15cm

////////

32

小熊猫

制作方法 ⋯ p.68
尺寸 ⋯ 15cm×15cm

设计 ⋯ 冈本启子　**制作 / 31** ⋯ fumifumi　/ **32** ⋯ 远藤真砂子

33

熊〈脸〉

制作方法 ··· p.69
尺寸 ··· 15cm×15cm

34

熊〈背影〉

制作方法 ··· p.69
尺寸 ··· 15cm×15cm

设计 & 制作 ··· 冈鞠子

小挎包

制作方法 … p.70
重点课程 … p.38

　　将悄悄露出脸来的小熊花样编织成可爱的小挎包。小小的尺寸，很适合日常出门的时候使用。改变绳子的长度，制作成亲子款也很不错。

设计 & 制作 … 冈鞠子

31

35

狮子

制作方法 ⋯ p.72
尺寸 ⋯ 15cm×15cm

36

老虎

制作方法 ⋯ p.72
尺寸 ⋯ 15cm×15cm

设计 & 制作 ⋯ 松本萧

//////

37

长颈鹿

制作方法 ··· p.73
尺寸 ··· 15cm×10cm

设计 & 制作 ··· 松本薰

//////

38

犀牛

制作方法 … p.76
尺寸 … 10cm×15cm

设计 & 制作 … 远藤宏美

/ / / / / /

39

袋鼠

制作方法 … p.73
尺寸 … 15cm×10cm

设计 & 制作 … 远藤宏美

35

//////

40

大象

制作方法 … p.76
尺寸 … 10cm×15cm

设计 … 冈本启子　**制作** … 远藤真砂子

零钱包

制作方法 ··· p.74

　　把2个织片缝合在一起，再装上拉链，零钱包就完成了。还可通过增加花片的数量，制作成拼布风格的作品。可以尽情享受拼接的乐趣也是编织提花花样的优点之一。

设计 ··· 冈本启子　**制作** ··· 远藤真砂子

※为了便于理解，步骤图中将线材、颜色、织片进行了替换。

（ **茶壶套** 图片 … p.25 制作方法 … p.64 ）

● **泡泡针的编织方法**

在前一行的1针中织入3针，分别为[下针、挂针、下针]。

直接翻面在反面织3针上针。

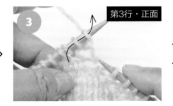

再次翻回正面，右棒针按照箭头方向入针，挑起2针，不编织直接移到右棒针上。

移动2针后的状态。剩下的1针（★）织下针。

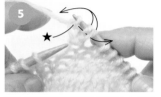

用左棒针挑起移到右棒针上的2针，盖在左边的1针（★）上。

泡泡针完成。

（ **小挎包** 图片 … p.31 制作方法 … p.70 ）

● **挂针与扭针的加针（下针）**

右侧的1针织下针，从前往后挂线。

下一针织下针。通过挂针加了1针后的状态。

织至左侧剩余1针，从后往前挂线。

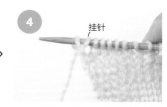

左侧1针织下针。通过挂针加了1针后的状态。

边缘织1针上针，在挂针处按照箭头方向入针织上针。

扭针完成后的状态。前一行的针脚呈扭转状。

在挂针处按照箭头方向入针织上针。

扭针完成后的状态。前一行的针脚呈扭转状。

基础课程 *Lesson* 通用基础

● 横向渡线编织提花

※当花样横向连续时使用此方法。

□ = 粉色（底色线）
■ = 水蓝色（配色线）

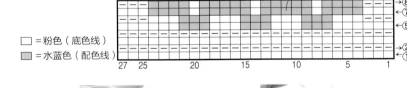

⑧ ⑦ ⑤ ② ①

27 25 20 15 10 5 1

第5行·正面

底色线　配色线

1. 边缘的3针织起伏针，将水蓝色线（配色线）挂在粉色线（底色线）上。

2. 接着用粉色线再织3针。此时反面的水蓝色线被粉色线包住了。

3. 接下来要用到水蓝色线，将水蓝色线从粉色线上方渡线编织。

4. 水蓝色线织了3针后的状态。接着换粉色线，将粉色线从水蓝色线下方渡线编织。

5. 粉色线织了3针后的状态。按照相同的方法，接下来要用水蓝色线时，将水蓝色线从粉色线上方渡线编织。

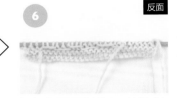

反面

6. 织完1行翻面后的状态。按照"水蓝色线在上，粉色线在下"的规律渡线编织。

第6行·反面

7. 边缘3针织起伏针，将水蓝色线挂在粉色线上。

8. 继续织了3针粉色线后的状态，此时水蓝色线在第4针的位置被包入。接着用水蓝色线，按照前一行同样的规律渡线编织。

9. 织完1行后的状态。注意渡线不要拉得太紧。

第7行·正面

10. 织2针边缘的起伏针后，将水蓝色线挂在粉色线上。

11. 接着用粉色线织第3针起伏针，此时反面的水蓝色线被粉色线包住了。按照编织图继续编织。

渡线过长时

12. 在水蓝色线的第9~13针处，反面的粉色线渡了5针的距离，织到中间第3针（★）处，将粉色线挑起挂于针上。

13. 保持粉色渡线被挑起的状态，织水蓝色线。

14. 水蓝色线织完第3针（★）后的状态。粉色的渡线被一起编织进去了。

15. 继续织水蓝色线。

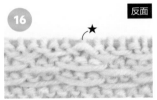

反面

16. 渡线被一起编入的状态（★）。渡线超过5针以上时，可以在织的过程中挑起前一行的渡线一起编织。

● 纵向渡线编织提花

※编织单点花样、纵向连续花样或者横向渡线过长时，采用纵向渡线法编织。花样被分隔成了几份，就需准备与之相等数量的线团。（如右图，需准备2团粉色线、1团水蓝色线。同色线需要多个线团的情况下，可绕成较小的线团。）

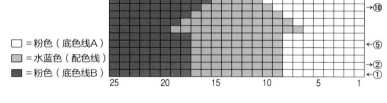

□ = 粉色（底色线A）
▨ = 水蓝色（配色线）
■ = 粉色（底色线B）

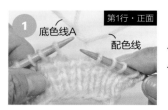

第1行·正面

织到即将换线的前面一针时，将水蓝色线（配色线）挂在粉色线（底色线A）上面。

接着织1针粉色线。此时反面的水蓝色线被粉色线包住。

粉色线暂时休针不织，接下来织水蓝色线。

底色线B

织到水蓝色的最后1针（第9针）前，将粉色线（底色线B）挂在水蓝色线上。

接着织最后1针水蓝色线。此时反面的粉色线被水蓝色线包住。

水蓝色线暂时休针不织，接下来织粉色线（底色线B）。

底色线B

织到边缘后的状态。花样被分隔成几份，则需要准备几份同样数量的线团。

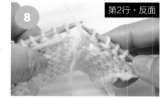

第2行·反面

织到水蓝色线的前面1针时，从粉色线（底色线B）下方拿起水蓝色线，使之呈交叉状，接着织水蓝色线。

织了9针水蓝色线后，从水蓝色线下方拿起粉色线（底色线A），使之呈交叉状，接着织粉色线。

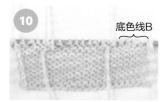

底色线B

织到边缘后的状态。按照相同的方法，在需要换线时，将接下来要织的线从正在织的线下方拿起，交叉压线后再进行编织。

反面 **正面**

织到上方后可以看到，渡线是纵向的。始终用交叉压线的方法换线。

● 平针挑缝　※将两个织片正面朝上缝合在一起。

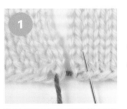 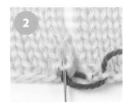  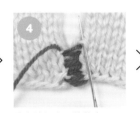 

在左右起针行的边缘针脚入针，缝合在一起。

缝针穿过左侧第1针内侧的横线。

缝针穿过右侧第1针内侧的横线。用相同的方法依次挑起左右两侧的横线缝合。

缝合数行之后的状态。

如图所示，一边缝合一边拉线，使缝线隐藏在针脚中。

● 起伏针挑缝　※将两个织片正面朝上缝合在一起。

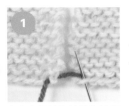  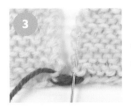 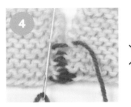 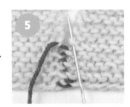

在左右起针行的边缘针脚入针，缝合在一起。

缝针穿过左侧第1针内侧朝下的针脚。

缝针穿过右侧半针内侧朝上的针脚。用相同的方法依次挑起左右两侧的针脚缝合。

缝合数行之后的状态。

如图所示，一边缝合一边拉线，使缝线隐藏在针脚中。

● 平针订缝（两个织片都留针时）　※ 缝合成下针效果。

从下方织片留有线头的边缘针脚开始，从上方织片边缘针脚的反面入针。

缝针从下方织片边缘针脚的正面入针，从第2针的正面出针。

缝针从上方织片边缘针脚的正面入针，从第2针的正面出针。

缝针从下方织片第2针的正面入针，从第3针的正面出针。

缝针从上方织片第2针的正面入针，从第3针的正面出针。

● 起伏针订缝（一片为下针、另一片为上针时） ※ 织片有1行行差，用缝线加出1行。

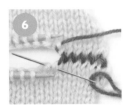 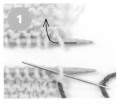  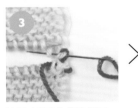 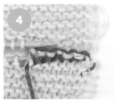

缝合数针后的状态。缝针总是从正面入针，正面出针，每个针脚穿线2次。

缝针从下方织片（上针）留有线头的边缘针脚反面入针，再从正面穿入上方织片（下针）边缘针脚。

缝针从下方织片边缘针脚的正面入针，从第2针的正面出针。

按照步骤2的箭头所示，缝针从上方织片边缘针脚的反面入针，从第2针的反面出针。

缝合数针后的状态。挑针的时候不要扭转针脚，注意每个针脚的大小，重复步骤2、3，缝合成起伏针的效果。

●平针刺绣

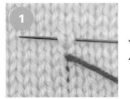
缝针从反面入针，从针脚的中心处穿出，再穿过上一行上方呈倒"八"字形状的2条线。

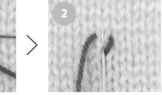
缝针从出针位置穿入，再从上一行出针。

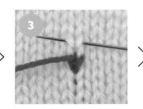
1针刺绣完成后的状态。重复步骤1、2。

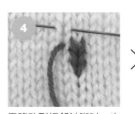
需移动到相邻针脚时，也用同样的方法，缝针在针脚的中心处出针，穿过上一行上方呈倒"八"字形的2条线。

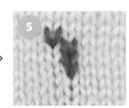
刺绣结束时，缝针穿入出针位置，将线头藏在织片的背面。

●钩针引拔的方法

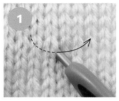
钩针从针脚中心处入针，挂线引出织片后面的线。

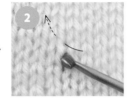
引出线后，钩针插入上一行针脚的中心处。

挂线引出织片后面的线。

完成1针引拔针后的状态。

重复这个步骤。

●使用 4 根针编织

起所需针数，均匀地分到3根针上。这是第1行。

在第1针处挂记号扣，用第4根针编织。

织了数行后的状态。棒针交界处的针脚容易抻开，可以时不时地调整针脚，错开几针编织。

●熨斗整烫

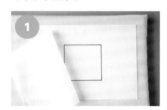
将画有指定尺寸图案的图纸置于下方，盖上描图纸。放置描图纸是为了防止笔迹弄脏织片。

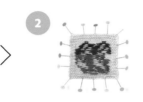
织片反面朝上，放在步骤1的上方，在四周插入定位针固定。

熨斗悬空，用蒸汽整烫。等织片冷却后再取下定位针，如果在织片未冷却时取下定位针，可能会使织片恢复原状。

《 花 样 的 正 面 和 反 面 》

//////

本书使用"横向渡线法"和"纵向渡线法"两种方法来编织提花花样。
下图为花样的正面和反面呈现的效果，编织时可作为参考。

p.20

正面
Front

✕

反面
Back

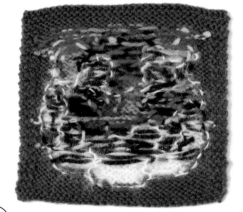

p.32

本书用线介绍 *Material Guide*

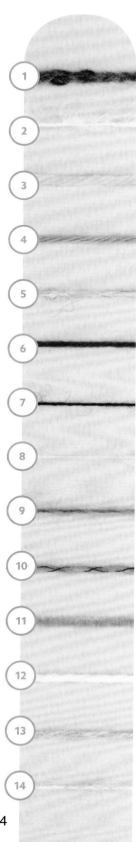

DAIDOH FORWARD株式会社
Puppy事业部

1 / Soft Donegal
羊毛100%，40g/团，约75m，10色，棒针8~10号。

2 / Julika Mohair
马海毛86%（100%超细软马海毛）、羊毛8%（100%超细美利奴羊毛）、尼龙6%，40g/团，约102m，14色，棒针8~10号。

3 / Queen Anny
羊毛100%，50g/团，约97m，55色，棒针6~7号。

4 / Princess Anny
羊毛100%（防缩水加工），40g/团，约112m，35色，棒针5~7号。

5 / British Fine
羊毛100%，25g/团，约116m，35色，棒针3~5号。

6 / Puppy New 4PLY
羊毛100%（防缩水加工），40g/团，约150m，32色，棒针2~4号。

7 / Puppy New 2PLY
羊毛100%（防缩水加工），25g/团，约215m，30色，棒针0~2号。

8 / Kid Mohair Fine
马海毛79%（超细软马海毛）、尼龙21%，25g/团，约225m，28色，棒针1~3号。

9 / Rotante
马海毛40%、腈纶40%、羊毛20%，40g/团，约125m，6色，棒针6~8号。

10 / SALVI
羊毛82%、尼龙18%，40g/团，约155m，3色，棒针4~6号。

HAMANAKA株式会社

11 / itoa AMIGURUMI YARN
涤纶90%、尼龙10%，15g/团，约65m，23色，棒针4~5号。

12 / Sonomono Alpaca Wool（中粗）
羊毛60%、羊驼毛40%，40g/团，约92m，5色，棒针6~8号。

13 / Sonomono TWEED
羊毛53%、羊驼毛40%、其他（骆驼毛和牦牛毛）7%，40g/团，约110m，5色，棒针5~6号。

14 / Sonomono HAIRY
羊驼毛75%、羊毛25%，25g/团，约125m，6色，棒针7~8号。

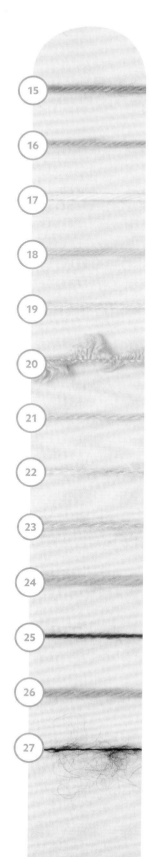

15 / Amerry
羊毛（新西兰美利奴）70%、腈纶30%，40g/团，约110m，52色，棒针6~7号。

16 / Amerry F（中细）
羊毛（新西兰美利奴）70%、腈纶30%，30g/团，约130m，26色，棒针4~5号。

17 / Exceed Wool FL（中细）
羊毛100%（超细美利奴羊毛），40g/团，约120m，31色，棒针4~5号。

18 / HAMANAKA中细纯羊毛
羊毛100%，40g/团，约160m，33色，棒针3号。

19 / 4 PLY
腈纶65%、羊毛（美利奴）35%，50g/团，约205m，17色，棒针3号。

20 / Merino Wool Fur
羊毛（美利奴）95%、尼龙5%，50g/团，约78m，9色，棒针6~8号。

21 / HAMANAKA Mohair
腈纶65%、马海毛35%，25g/团，约100m，33色，棒针5~6号。

22 / HAMANAKA Mohair (colorful)
腈纶70%、马海毛30%，25g/团，约100m，16色，棒针5~6号。

23 / Alpaca Mohair Fine
马海毛35%、腈纶35%、羊驼毛20%、羊毛10%，25g/团，约110m，21色，棒针5~6号。

24 / WANPAKU DENIS
腈纶70%、羊毛30%（防缩水加工），50g/团，约120m，36色，棒针6~7号。

25 / Tino
腈纶100%，25g/团，约190m，15色，棒针2号。

26 / Rich More PERCENT
羊毛100%，40g/团，约120m，100色，棒针5~7号。

27 / Rich More EXCELLENT MOHAIR <COUNT10>
羊毛76%（超细软马海毛71%、羊羔毛5%）、尼龙24%，20g/团，约200m，29色，棒针4~5号（1股织），棒针6~8号（2股织）。

※从左至右分别表示：材质、规格、线长、颜色数目、适用针号
※由于印刷的原因，可能存在色差。
※为了方便读者查找，本书中所有线材型号保留英文。

44

1　迷你雪纳瑞〈脸〉

图片 … p.6　尺寸 … 15cm×15cm

○材料和工具

【线材】HAMANAKA
Rich More PERCENT/褐色（63）…8g，
浅灰色（121）…2g，蓝灰色（119）…1g，
黑色（90）…少许
HAMANAKA Mohair/白色（1）、浅灰色
（63）、灰色（74）…各1g
【针】棒针5号

□＝□ 下针

配色
- □ ＝褐色
- □ ＝浅灰色（121）
- ■ ＝蓝灰色
- ■ ＝黑色
- □ ＝白色
- ⊡ ＝浅灰色（63）
- ▨ ＝灰色

※编织织片后，在指定位置刺绣
※将黑色线对半分股后刺绣

直线绣
飞鸟绣

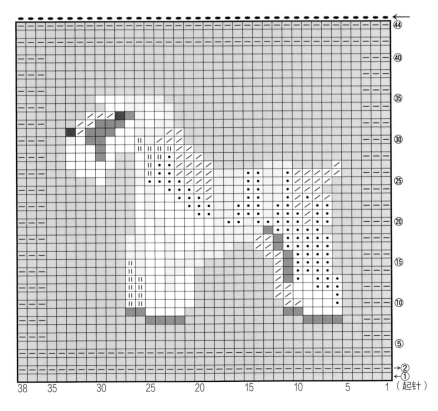

2　迷你雪纳瑞〈全身〉

图片 … p.6　尺寸 … 15cm×15cm

○材料和工具

【线材】HAMANAKA
Rich More PERCENT/蓝色（106）…9g，
浅灰色（121）、蓝灰色（119）、黑色（90）…
各1g
HAMANAKA Mohair/白色（1）、浅灰色
（63）、灰色（74）…各1g
HAMANAKA Mohair（colorful）/灰色系
（301）…1g
【针】棒针5号

□＝□ 下针

配色
- □ ＝蓝色
- □ ＝浅灰色（121）
- ■ ＝蓝灰色
- ■ ＝黑色
- □ ＝白色
- Ⅲ ＝浅灰色（63）
- ▨ ＝灰色
- ⊡ ＝灰色系

散步包

图片 … p.7

○材料和工具
【线材】HAMANAKA
Rich More PERCENT/ 黑色（90）…53g，白色（95）…4g，浅灰色（121）…2g，蓝灰色（119）…1g
HAMANAKA Mohair/ 白色（1）、浅灰色（63）、灰色（74）…各1g
【针】棒针5号，钩针5/0号

○成品尺寸
参照图片

○编织密度（10cm×10cm）
平针：25针×29.5行
提花花样：25针×28行

编织方法

1 编织主体。前片用手指起针法起54针，从第5行开始加入配色线，用横向渡线法编织方格花样。

2 编织迷你雪纳瑞〈脸〉的花样（参照p.45）和方格样，包口编织6行双罗纹。最后编织下针、上针的伏针收针。

3 从前片的起针处挑针编织后片，编织结束时和前片一样伏针收针。

4 钩织提手，起71针锁针，钩织3行短针。

5 沿主体的底部线正面朝外对折，缝合两侧。缝合提手，完成。

主体

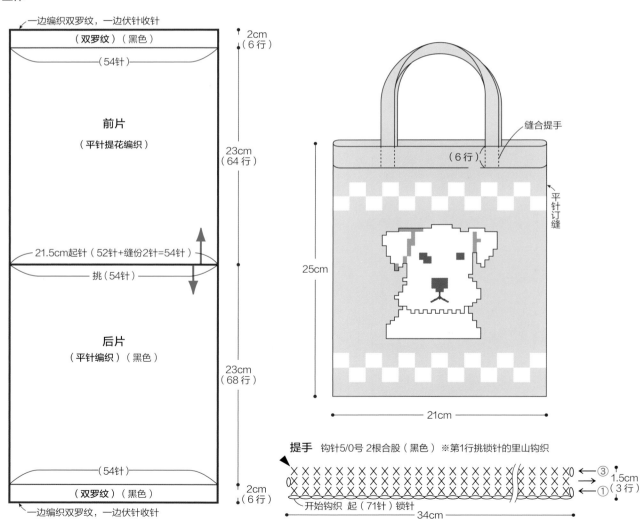

一边编织双罗纹，一边伏针收针
（双罗纹）（黑色）
（54针）
2cm（6行）

前片
（平针提花编织）
23cm（64行）

21.5cm起针（52针+缝份2针=54针）
挑（54针）

后片
（平针编织）（黑色）
23cm（68行）

（54针）
（双罗纹）（黑色）
2cm（6行）
一边编织双罗纹，一边伏针收针

缝合提手
（6行）
平针订缝
25cm
21cm

提手　钩针5/0号 2根合股（黑色）※第1行挑锁针的里山钩织
开始钩织 起（71针）锁针
34cm
③
1.5cm（3行）
①

46

前片

底片的配色　□、＝＝黑色　▨＝白色
□＝① 下针
花样的配色 ｛ ＝浅灰色（121）　＝蓝灰色
＝黑色　□＝白色　•＝浅灰色（63）　⁄⁄＝灰色
※编织织片，在指定位置刺绣
※将黑色线对半分股后刺绣

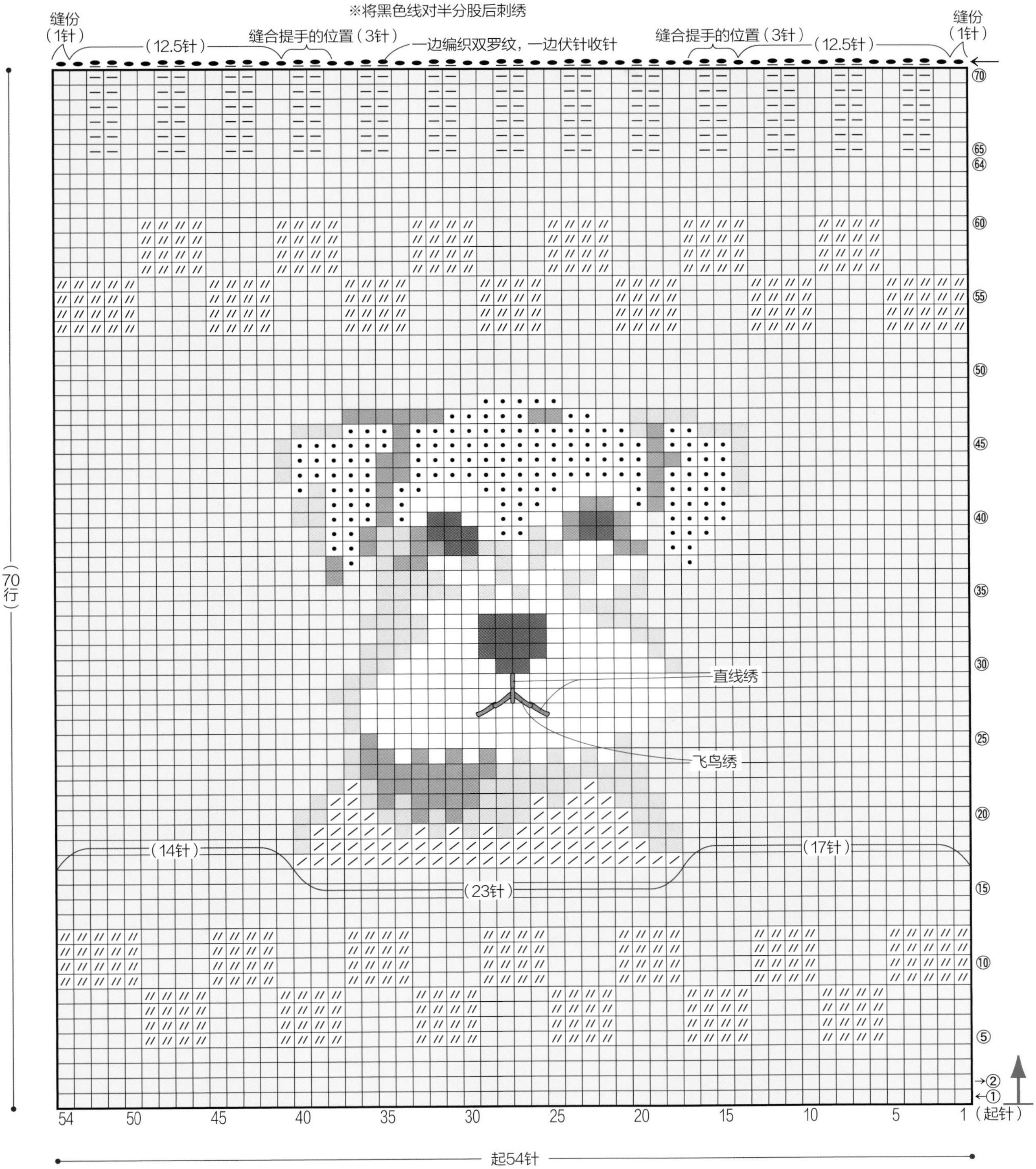

缝份（1针）　（12.5针）　缝合提手的位置（3针）　一边编织双罗纹，一边伏针收针　缝合提手的位置（3针）　（12.5针）　缝份（1针）

70
65
64
60
55
50
45
40
35
30
25
20
15
10
5
→②
→①（起针）

70行

直线绣
飞鸟绣

（14针）　（23针）　（17针）

54　50　45　40　35　30　25　20　15　10　5　1（起针）

起54针

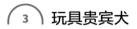

3 玩具贵宾犬

图片 … p.8　尺寸 … 15cm×15cm

○材料和工具
【线材】Puppy
Princess Anny/ 绿色（560）…
6g，灰色（519）、土黄色（528）
…各3g，藏青色（516）…1g
Rotante/ 黄色系（1）…6g
【针】棒针6号

□=▣ 下针

配色 {
　　□ = 绿色
　　□ = 灰色
　　■ = 土黄色
　　■ = 藏青色
　　□ = 黄色系
}

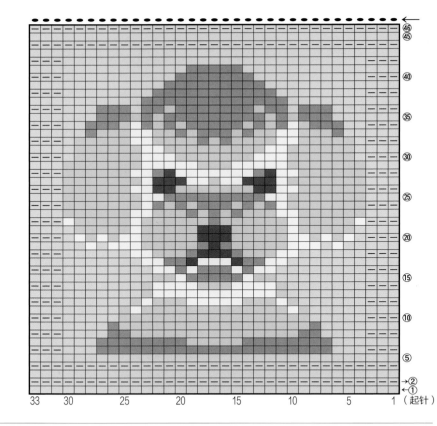

4 法国斗牛犬

图片 … p.8　尺寸 … 15cm×15cm

○材料和工具
【线材】Puppy
Princess Anny/ 黄绿色（536）…7g，灰色
（519）、黑色（520）、浅紫色（522）、米白色
（547）…各2g
Soft Donegal/ 深棕色（5210）…2g
【针】棒针6号

□=▣ 下针

配色 {
　　□ = 黄绿色
　　□ = 灰色
　　■ = 黑色
　　■ = 浅紫色
　　□ = 米白色
　　◩ = 深棕色
}

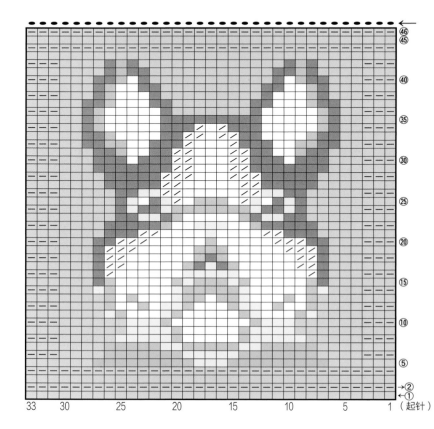

5 柴犬

图片 ··· p.9　尺寸 ··· 15cm×10cm

○材料和工具
【线材】Puppy
Princess Anny/ 蓝色（559）···6g，浅灰色（518）···3g，米色（521）···
2g，深棕色（561）···少许
Rotante/ 黄色系（1）···1g
【针】棒针6号

15 火烈鸟

图片 ··· p.17　尺寸 ··· 15cm×10cm

○材料和工具
【线材】HAMANAKA
Exceed Wool FL（中细）/ 天蓝色（755）···10g，罂粟红（739）···3g
Amerry F（中细）/ 桃粉色（504）、粉色（505）、黑色（524）···各1g
Merino Wool Fur/ 米白色（1）···1g
【针】棒针4号

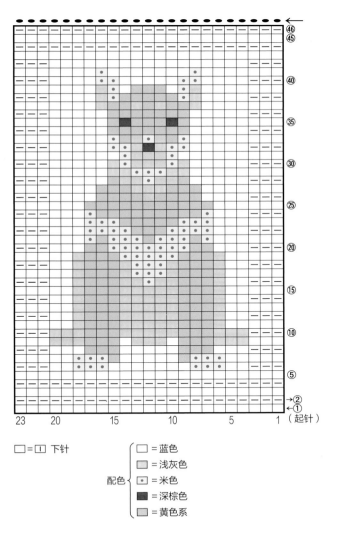

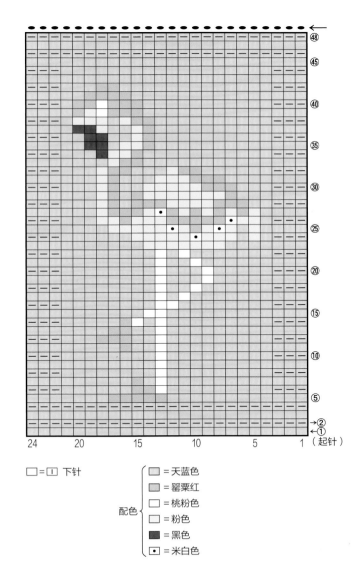

□=□ 下针

配色
= 蓝色
= 浅灰色
· = 米色
= 深棕色
= 黄色系

□=□ 下针

配色
= 天蓝色
= 罂粟红
= 桃粉色
= 粉色
= 黑色
· = 米白色

49

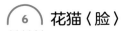

6 花猫〈脸〉

图片 … p.10　尺寸 … 15cm×15cm

○材料和工具
【线材】Puppy
Princess Anny/ 胭脂红（532）…
5g，黑色（520）…3g，浅驼色
（508）、鼠灰色（534）、米白色
（547）…各2g
Soft Donegal/ 深棕色（5210）…
3g
【针】棒针6号

□ = □ 下针

配色 {
　□ = 胭脂红
　■ = 黑色
　■ = 浅驼色
　■ = 鼠灰色
　□ = 米白色
　☑ = 深棕色
}

※编织织片，在指定位置刺绣
※用黑色线刺绣

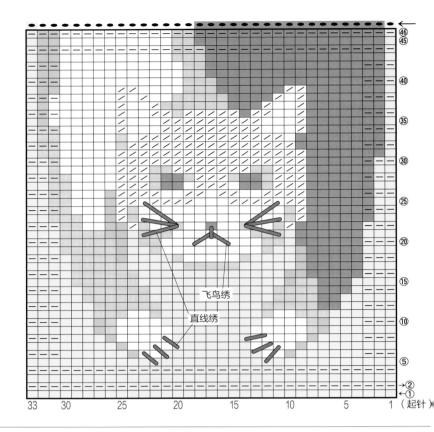

飞鸟绣

直线绣

7 花猫〈尾巴〉

图片 … p.10　尺寸 … 15cm×15cm

○材料和工具
【线材】Puppy
Princess Anny/ 胭脂红（532）…
4g，黑色（520）…3g，浅驼色
（508）、鼠灰色（534）、米白色
（547）…各2g
Soft Donegal/ 深棕色（5210）…
4g
【针】棒针6号

□ = □ 下针

配色 {
　□ = 胭脂红
　■ = 黑色
　■ = 浅驼色
　■ = 鼠灰色
　□ = 米白色
　☑ = 深棕色
}

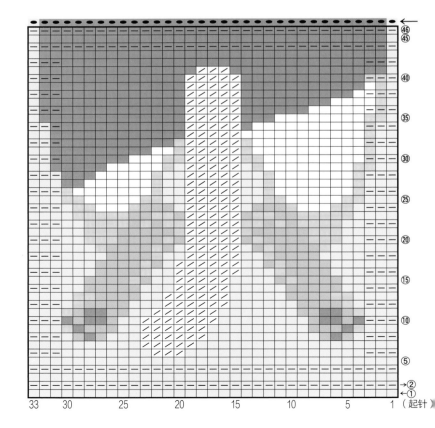

8 三色猫

图片 … p.11　尺寸 … 15cm×15cm

○材料和工具

【线材】Puppy
Princess Anny/ 紫色（550）…
8g, 橙色（541）、米白色（547）…
各3g, 浅灰色（518）…2g
SALVI/ 橙色系（805）…2g

【针】棒针6号

□=工 下针

配色
- □ = 紫色
- □ = 橙色
- □ = 米白色
- □ = 浅灰色
- □ = 橙色系

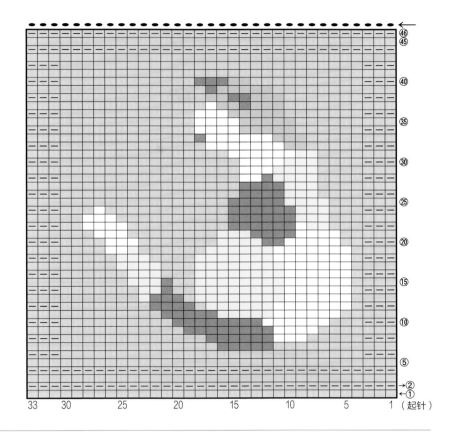

17 熊猫〈脸〉

图片 … p.20　尺寸 … 15cm×15cm

○材料和工具

【线材】HAMANAKA
Amerry/ 草绿色（13）…6g, 纯白
色（51）…4g, 纯黑色（52）…3g,
灰黄色（1）、自然白（20）… 各1g,
自然黑（24）、珊瑚粉（27）… 各
少许
itoa AMIGURUMI YARN/ 黑色
（318）…1g

【针】棒针5号

□=工 下针

配色
- □ = 草绿色
- □ = 纯白色
- □ = 纯黑色
- □ = 灰黄色
- □ = 自然白
- ⊡ = 黑色

※编织织片，在指定位置刺绣

缎绣（自然黑）

轮廓绣（纯黑色）
※对半分股

缎绣（珊瑚粉）
※对半分股

钉线绣（纯黑色）
※对半分股

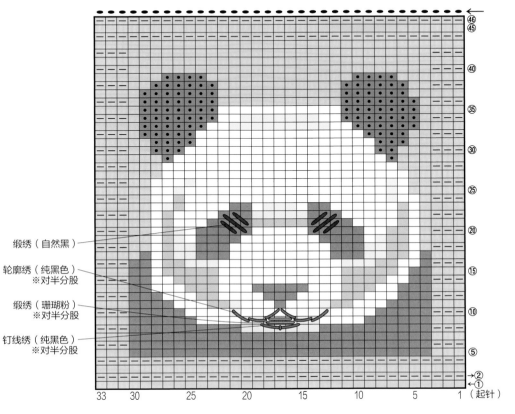

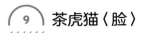

9 茶虎猫〈脸〉

图片 … p.12   尺寸 … 15cm×15cm

○材料和工具
【线材】HAMANAKA
Amerry/ 蓝 绿 色（12）、玉 米 黄
（31）…各5g,自然白（20）…2g,
橄榄绿（38）、土黄色（41）…各
1g
Merino Wool Fur/ 浅棕色（3）…
2g
【针】棒针6号

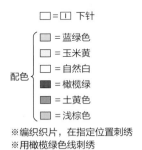

□=[1] 下针

配色
- □ = 蓝绿色
- □ = 玉米黄
- □ = 自然白
- ■ = 橄榄绿
- ▨ = 土黄色
- ▨ = 浅棕色

※编织织片，在指定位置刺绣
※用橄榄绿色线刺绣

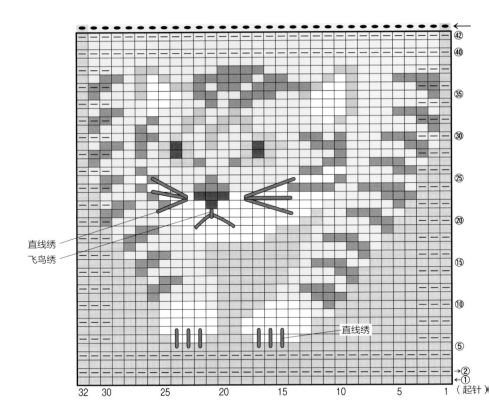

直线绣
飞鸟绣
直线绣

10 茶虎猫〈尾巴〉

图片 … p.12   尺寸 … 15cm×15cm

○材料和工具
【线材】HAMANAKA
Amerry/ 蓝 绿 色（12）…5g, 玉米黄
（31）…4g, 土黄色（41）…2g, 自然
白（20）、橄榄绿（38）…各1g
Merino Wool Fur/ 浅棕色（3）…4g
【针】棒针6号

□=[1] 下针

配色
- □ = 蓝绿色
- □ = 玉米黄
- ■ = 土黄色
- □ = 自然白
- ■ = 橄榄绿
- □ = 浅棕色

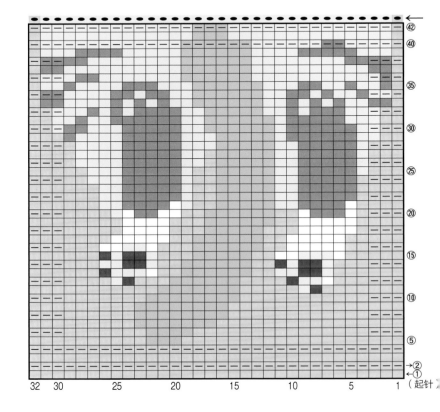

11 企鹅

图片 ··· p.14　尺寸 ··· 15cm×15cm

○材料和工具
【线材】HAMANAKA
Amerry/ 弗吉尼亚风铃草蓝（46）
···9g，纯黑色（52）···5g，自然白
（20）···3g，柠檬黄（25）、玉米黄
（31）···各1g
Sonomono TWEED/ 灰 褐 色
（72）···1g
【针】棒针5号

□=□ 下针

配色
- □ = 弗吉尼亚风铃草蓝
- ■ = 纯黑色
- □ = 自然白
- □ = 柠檬黄
- ■ = 玉米黄
- Ⅴ = 灰褐色

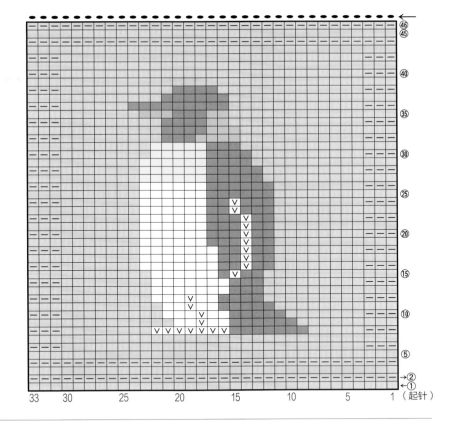

12 海豹

图片 ··· p.14　尺寸 ··· 15cm×15cm

○材料和工具
【线材】HAMANAKA
Amerry/ 中国蓝（29）···10g，冰
蓝色（10）···3g，纯黑色（52）···
少许
Alpaca Mohair Fine/ 白色（1）···
3g
HAMANAKA Mohair（colorful）
/ 灰色系（301）···2g
【针】棒针5号

□=□ 下针

配色
- □ = 中国蓝
- □ = 冰蓝色
- ■ = 纯黑色
- □、·= 白色
- □ = 灰色系

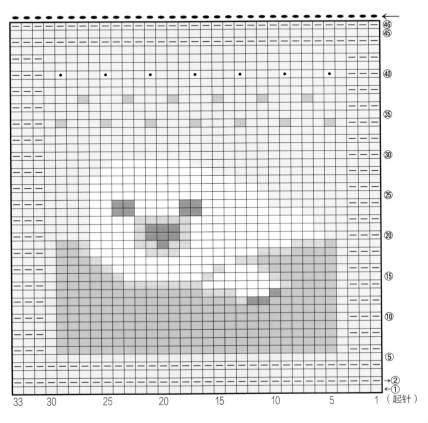

围巾

图片 … p.13

○材料和工具
【线材】HAMANAKA
Amerry/ 玉米黄（31）…105g，蓝绿色（12）…13g，土黄色（41）…4g，
自然白（20）…3g，橄榄绿（38）…2g
Merino Wool Fur/ 浅棕色（3）…24g
【针】棒针6号

○成品尺寸
参照图片

○编织密度（10cm×10cm）
平针提花花样 A、B、C：21针 ×28行

编织方法

1 编织主体 A，用手指起针法起 38 针。编织 42 行提花花样 A，43~226 行编织提花花样 C。编织完成后暂时休针。
2 编织主体 B，用手指起针法起 38 针。编织 42 行提花花样 B，43~227 行编织提花花样 C。编织完成后暂时休针。
3 将主体 A、B 的休针处用平针订缝、起伏针订缝的方法缝合在一起。

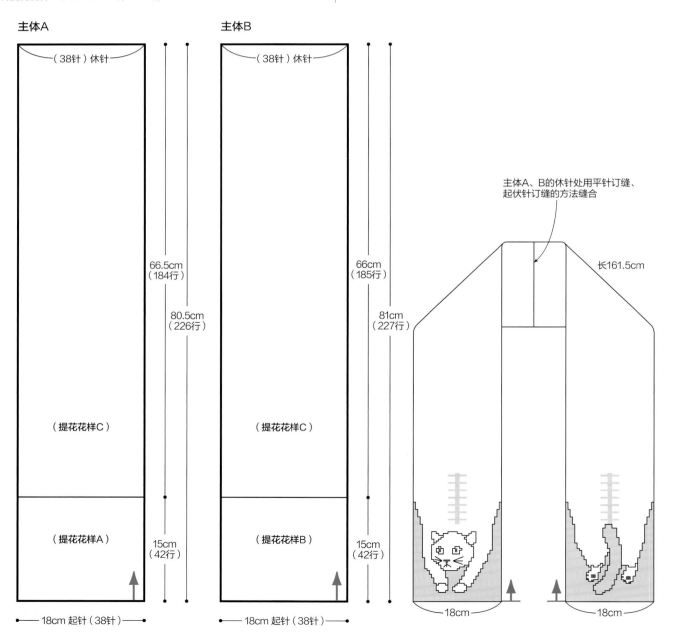

主体A

（38针）休针

66.5cm
（184行）

80.5cm
（226行）

（提花花样C）

（提花花样A）

15cm
（42行）

18cm 起针（38针）

主体B

（38针）休针

66cm
（185行）

81cm
（227行）

（提花花样C）

（提花花样B）

15cm
（42行）

18cm 起针（38针）

主体A、B的休针处用平针订缝、
起伏针订缝的方法缝合

长161.5cm

18cm

18cm

提花花样A、B、C 　□=□ 下针 ※主体A的刺绣方法和配色参照p.52的花样9

配色 {
□=玉米黄　□=蓝绿色　■=土黄色
□=自然白　■=橄榄绿　□=浅棕色
}

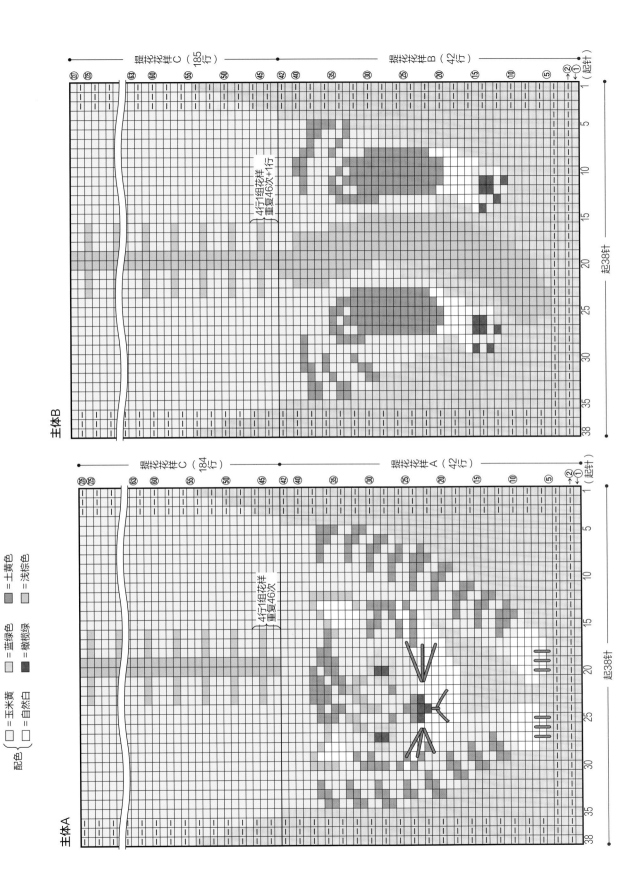

主体B

提花花样C（185行）
提花花样B（42行）
起38针

4行1组花样
重复46次+1行

主体A

提花花样C（184行）
提花花样A（42行）
起38针

4行1组花样
重复46次

55

13 白熊

图片 … p.15 尺寸 … 10cm×15cm

○材料和工具

【线材】HAMANAKA
Amerry/ 水蓝色（11）…5g，冰
蓝色（10）、自然白（20）…各2g，
纯黑色（52）…少许
Sonomono TWEED/ 灰褐色
（72）…2g
【针】棒针5号

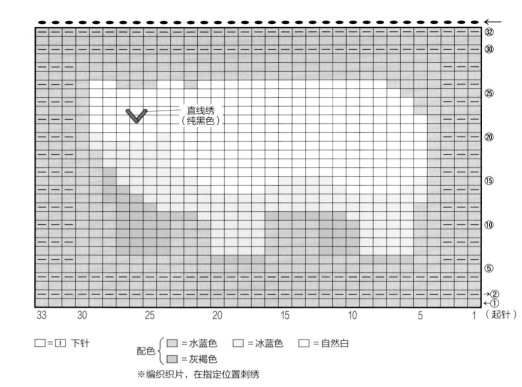

直线绣
（纯黑色）

□=1 下针

配色 { □ =水蓝色 □ =冰蓝色 □ =自然白 ■ =灰褐色 }

※编织织片，在指定位置刺绣

14 黑天鹅与白天鹅

图片 … p.16 尺寸 … 10cm×15cm

○材料和工具

【线材】HAMANAKA
Amerry F（中细）/ 粉色（505）…
10g，自然白（501）、黑色（524）…
各3g，金盏花黄（503）、绯红色
（508）…各1g
Merino Wool Fur/ 米白色（1）、黑
色（8）…各1g
【针】棒针4号

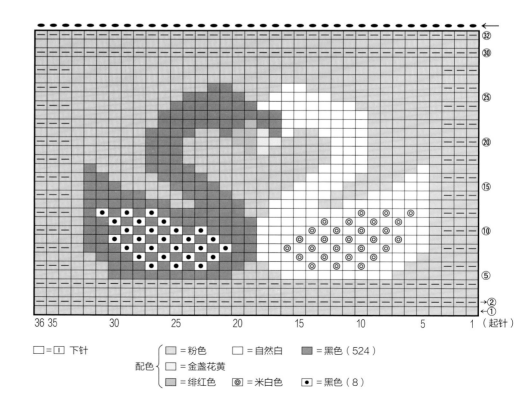

□=1 下针

配色 { □ =粉色 □ =自然白 ■ =黑色（524）
□ =金盏花黄
■ =绯红色 ◎ =米白色 ● =黑色（8） }

56

16 银喉长尾山雀

图片 … p.18　尺寸 … 10cm×15cm

○材料和工具

【线材】HAMANAKA
Rich More PERCENT/ 丁香紫
（68）…4g，黑色（90）…2g，咖啡棕（9）…1g，棕色（87）、天空灰（93）、白色（95）…各少许
Merino Wool Fur/ 米白色（1）…3g
【针】棒针 5 号

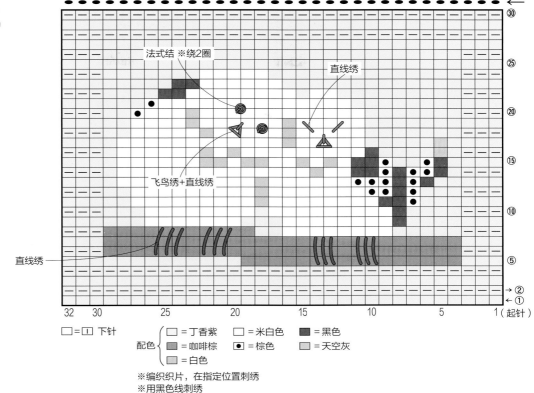

法式结 ※绕2圈

直线绣

飞鸟绣+直线绣

直线绣

□=Ⅰ 下针

配色 { □ = 丁香紫　　□ = 米白色　　■ = 黑色
　　　■ = 咖啡棕　　⦿ = 棕色　　□ = 天空灰
　　　□ = 白色 }

※编织织片，在指定位置刺绣
※用黑色线刺绣

18 熊猫〈躺姿〉

图片 … p.21　尺寸 … 10cm×15cm

○材料和工具

【线材】HAMANAKA
Amerry/ 芥黄色（3）…6g，纯黑色（52）…3g，灰黄色（1）、自然白（20）、纯白色（51）…各1g
【针】棒针 5 号

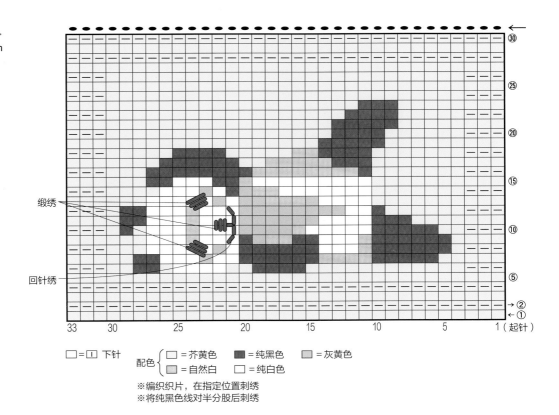

缎绣

回针绣

□=Ⅰ 下针

配色 { □ = 芥黄色　　■ = 纯黑色　　□ = 灰黄色
　　　■ = 自然白　　□ = 纯白色 }

※编织织片，在指定位置刺绣
※将纯黑色线对半分股后刺绣

抱枕套

图片 … p.19

○材料和工具
【线材】HAMANAKA
Rich More PERCENT/ 冰蓝色（22）…75g，黑色（90）…2g，咖啡棕（9）…1g，棕色（87）、天空灰（93）、白色（95）…各少许
Merino Wool Fur/ 米白色（1）…6g
【其他】按扣（10mm）…4 组，枕芯（30cm×30cm）…1 个
【针】棒针 5 号

○成品尺寸
参照图片

○编织密度（10cm×10cm）
平针、提花花样: 22 针 ×30 行

編织方法

1 用手指起针法起 66 针，参照编织图在前片编织提花花样和起伏针，后片编织平针和起伏针。
2 将两个织片正面朝外重叠，挑缝左右两侧，平针订缝下侧。
3 缝合按扣。

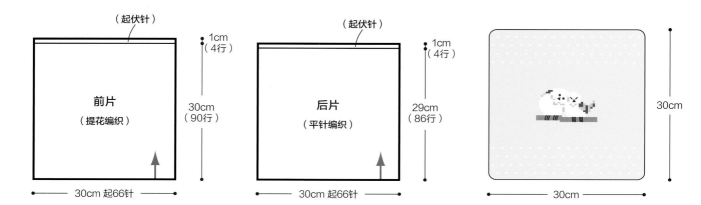

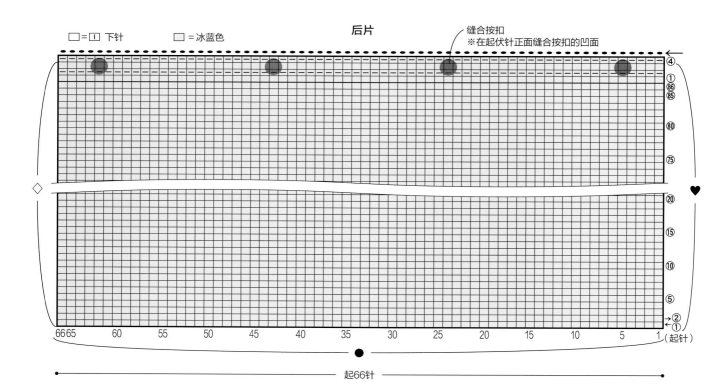

后片

□=Ⅰ 下针   □=冰蓝色

缝合按扣
※在起伏针正面缝合按扣的凹面

起66针

前片

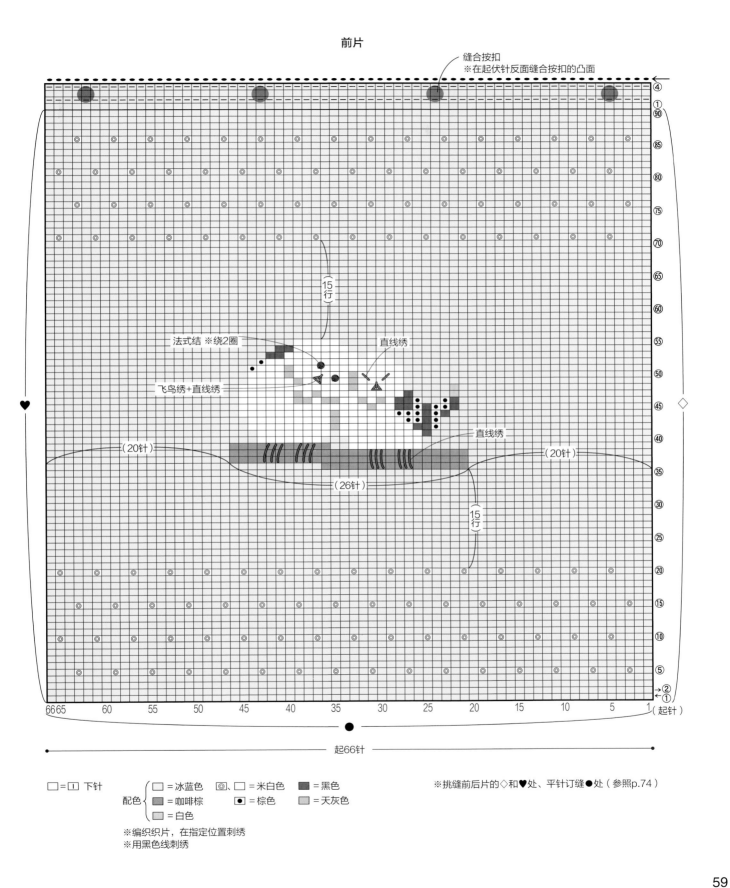

縫合按扣
※在起伏针反面缝合按扣的凸面

法式结 ※绕2圈
直线绣
飞鸟绣+直线绣
15行
（20针）
（26针）
直线绣
（20针）
15行

66 65　60　55　50　45　40　35　30　25　20　15　10　5　1（起针）

起66针

□=□ 下针

配色
□=冰蓝色　◎、□=米白色　■=黑色
■=咖啡棕　●=棕色　□=天灰色
□=白色

※编织织片，在指定位置刺绣
※用黑色线刺绣

※挑缝前后片的◇和♥处、平针订缝●处（参照p.74）

59

19 羊

图片 … p.22　尺寸 … 15cm×15cm

○材料和工具
【线材】HAMANAKA
WANPAKU DENIS/ 薄荷绿（57）
…7g
Amerry/ 桃粉色（28）…1g，米色
（21）、燕麦色（40）…各0.5g
Merino Wool Fur/ 象牙白（9）…
5g
Tino/ 黑色（15）…少许
【针】棒针6号

□=□ 下针

配色
{
□ =薄荷绿
□ =象牙白
■ =桃粉色
□ =米色
■ =燕麦色
}

※编织织片，在指定位置刺绣
※用黑色线刺绣

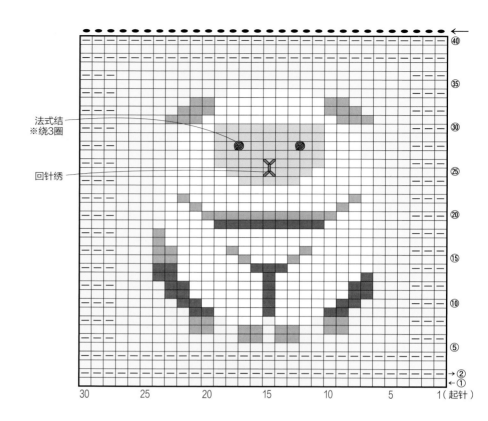

法式结
※绕3圈

回针绣

20 羊驼

图片 … p.22　尺寸 … 15cm×15cm

○材料和工具
【线材】HAMANAKA
WANPAKU DENIS/ 粉 米 色
（56）…8.5g
Sonomono HAIRY/ 米 白 色
（121）…1g，象牙白（122）…0.5g
Sonomono Alpaca Wool（中粗）
/ 米白色（61）…0.5g
Tino/ 黑色（15）…少许
【针】棒针6号

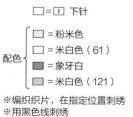

□=□ 下针

配色
{
□ =粉米色
□ =米白色（61）
■ =象牙白
□ =米白色（121）
}

※编织织片，在指定位置刺绣
※用黑色线刺绣

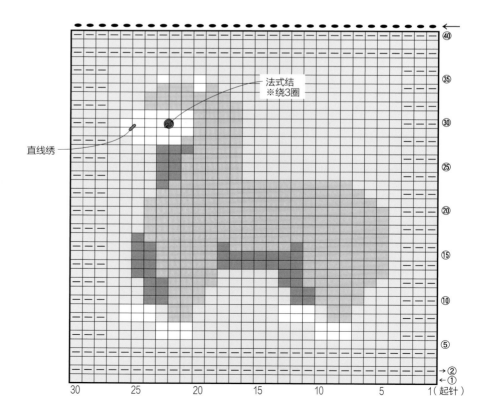

法式结
※绕3圈

直线绣

 刺猬〈脸〉

图片 … p.23　尺寸 … 15cm×15cm

○材料和工具
【线材】HAMANAKA
WANPAKU DENIS/ 水蓝色（47）
…8.5g
4 PLY/ 米色（309）、深棕色（345）
…各1.5g
Sonomono Alpaca Wool（中
粗）/ 米白色（61）…1.5g
Amerry/ 燕麦色（40）…0.5g
Tino/ 黑色（15）…少许
【针】棒针 6 号

□=Ⅰ 下针

配色
┌ □ = 水蓝色
├ ■ = 米色、深棕色2根合股
├ □ = 米白色
└ □ = 燕麦色

※编织织片，在指定位置刺绣
※用黑色线刺绣

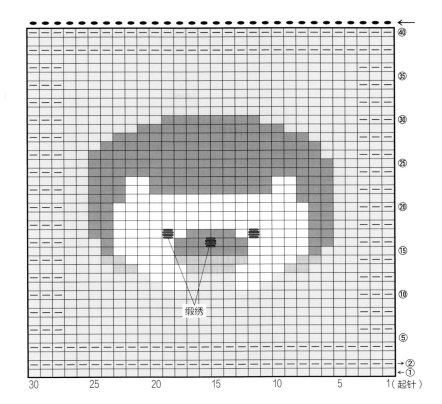

缎绣

22 刺猬〈全身〉

图片 … p.23　尺寸 … 15cm×15cm

○材料和工具
【线材】HAMANAKA
WANPAKU DENIS/ 土黄色（28）…
9g
4 PLY/ 米色（309）、深棕色（345）…
各1.5g
Sonomono Alpaca Wool（中粗）/ 米
白色（61）…1g
Amerry/ 燕麦色（40）…1g
Tino/ 黑色（15）…少许
【针】棒针 6 号

□=Ⅰ 下针

配色
┌ □ = 土黄色
├ ■ = 米色、深棕色2根合股
├ □ = 米白色
└ □ = 燕麦色

※编织织片，在指定位置刺绣
※用黑色线刺绣

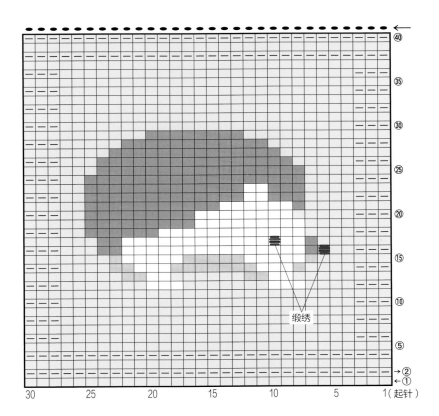

缎绣

23 兔子〈脸〉

图片 … p.24　尺寸 … 15cm×15cm

○材料和工具

【线材】Puppy

Princess Anny/ 浅粉色（526）…
9g

British Fine/ 米白色（001）、浅灰
色（010）各 1.5g，灰色（009）…
1g

Puppy New 2PLY/ 黑色（225）
…少许

【针】棒针 6 号

□=Ⅰ 下针

配色

　□ = 浅粉色
　□ = 米白色
　■ = 浅灰色
　■ = 灰色

※编织织片，在指定位置刺绣
※用黑色线刺绣

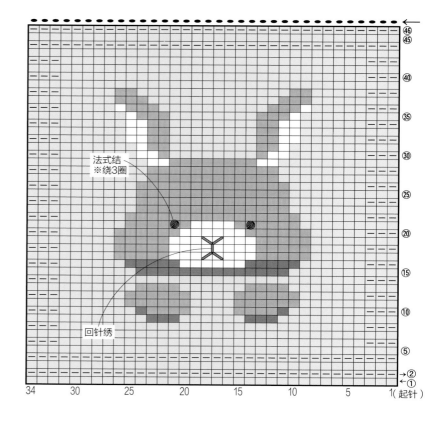

法式结
※绕3圈

回针绣

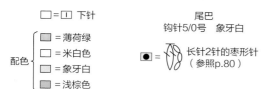

24 兔子〈背影〉

图片 … p.24　尺寸 … 15cm×15cm

○材料和工具

【线材】Puppy

Princess Anny/ 薄荷绿（553）…
10.5g

British Fine/ 米白色（001）、象牙
白（021）各 1g，浅棕色（040）…
0.5g

【针】棒针 6 号，钩针 5/0 号

□=Ⅰ 下针

配色

　■ = 薄荷绿
　□ = 米白色
　□ = 象牙白
　■ = 浅棕色

尾巴
钩针5/0号　象牙白

●= 长针2针的枣形针
（参照p.80）

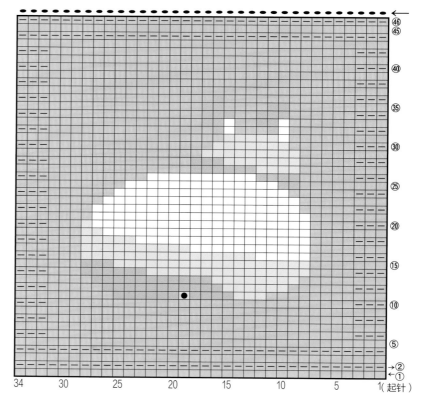

25 仓鼠

图片 … p.26   尺寸 … 15cm×15cm

○材料和工具
【线材】Puppy
Princess Anny/ 米色（521）…6g、
白色（502）、浅驼色（508）、浅灰色
（518）…各2g、浅粉色（526）…1g、
玫瑰粉（527）…少许
Julika Mohair/ 米白色（301）…1g
Kid Mohair Fine/ 粉米色（3）…少许
Puppy New 4PLY/ 淡粉色（412）、
黑色（424）…各少许
【针】棒针5号

□=Ⅰ 下针

配色 {
□ = 米色   ▨ = 玫瑰粉
□ = 白色   ▨ = 米白色
▨ = 浅驼色   ⊡ = 粉米色
⊙ = 浅灰色   ■ = 黑色
▨ = 浅粉色
}

※编织织片，在指定位置刺绣

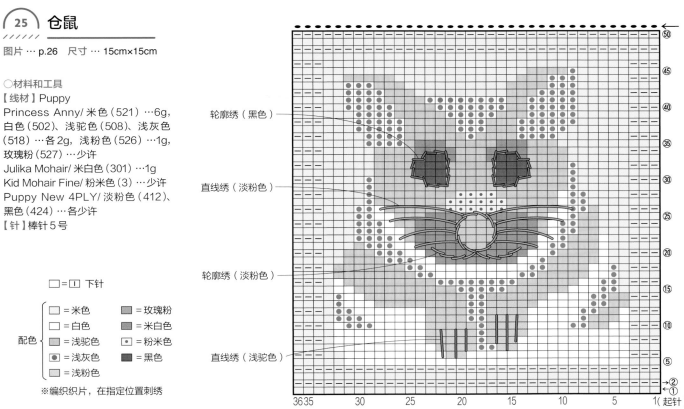

轮廓绣（黑色）
直线绣（淡粉色）
轮廓绣（淡粉色）
直线绣（浅驼色）

26 松鼠

图片 … p.26   尺寸 … 15cm×15cm

○材料和工具
【线材】Puppy
Princess Anny/ 黄绿色（536）…
7g、浅驼色（508）、米白色（547）、
深棕色（561）…各2g、胭脂红
（532）…1g、黑色（520）…少许
Julika Mohair/ 米白色（301）…
2g
Puppy New 4PLY/ 棕色（419）、
黑色（424）…各少许
【针】棒针5号

□=Ⅰ 下针

配色 {
□ = 黄绿色   ⊡ = 胭脂红
▨ = 浅驼色   ■ = 黑色（520）
□ = 米白色（547） ▨ = 米白色（301）
▨ = 深棕色
}

※编织织片，在指定位置刺绣

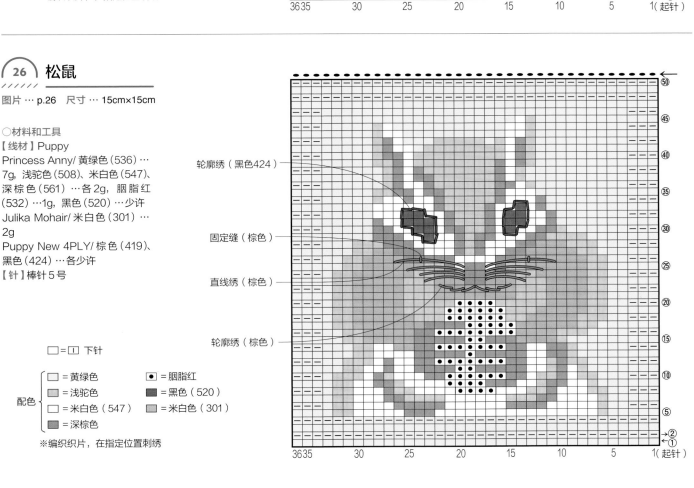

轮廓绣（黑色424）
固定缝（棕色）
直线绣（棕色）
轮廓绣（棕色）

茶壶套

图片 … p.25　重点课程 … p.38

○材料和工具
【线材】Puppy
Princess Anny/ 米色（521）…24g
British Fine/ 米白色（001）…3g，浅灰色（010）…3g，灰色（009）…2g
Puppy New 2PLY/ 黑色（225）…少许
【针】2根6号棒针，4根6号棒针

○成品尺寸
参照图片

○编织密度（10cm×10cm）
提花花样：20 针 ×30 行

编织方法
1 用手指起针法起80针，圈织4行。
2 在5~26 行制作两边的开口，将针数分为2份，每份40针，分别往返编织。织完一侧的26行后暂时休针不织，接新线织另一侧。
3 用休针的线继续圈织27行～最终行。
4 编织完成后，在最终行的针脚中穿线2圈，收紧线头。
5 制作毛球。

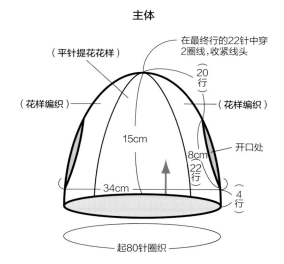

主体

（平针提花花样）
在最终行的22针中穿2圈线，收紧线头
（花样编织）
（花样编织）
15cm
开口处
8cm
34cm
起80针圈织
20行
22行
4行

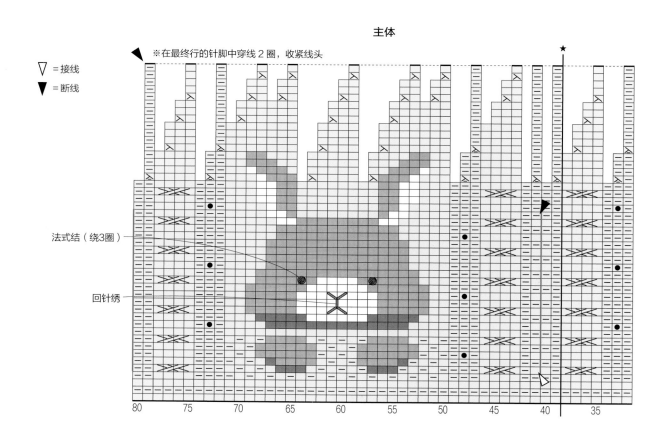

主体

※在最终行的针脚中穿线2圈，收紧线头

▽ =接线
▼ =断线

法式结（绕3圈）

回针绣

80　75　70　65　60　55　50　45　40　35

64

□ = ① 下针

配色 {
□ = 米色
□ = 米白色
□ = 浅灰色
■ = 灰色
}

※编织完成后，在指定位置刺绣
※用黑色线刺绣

⊠ =左上2针交叉（参照 p.78）

⊠ =右上2针并1针

⊠ =上针的右上2针并1针

● = ↓③ ↑② 泡泡针（参照 p.36）↓①

—— =开口

组合方法

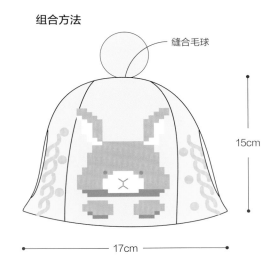

缝合毛球

15cm

17cm

毛球的制作方法

硬纸板 4.5cm

※用米色线绕 120 圈

系紧中心处,将两
侧的线圈剪开

剪开

修剪成圆形,
调整形状

4cm

★ 请将 p.64 和 p.65 的 ★ 处重合起来看

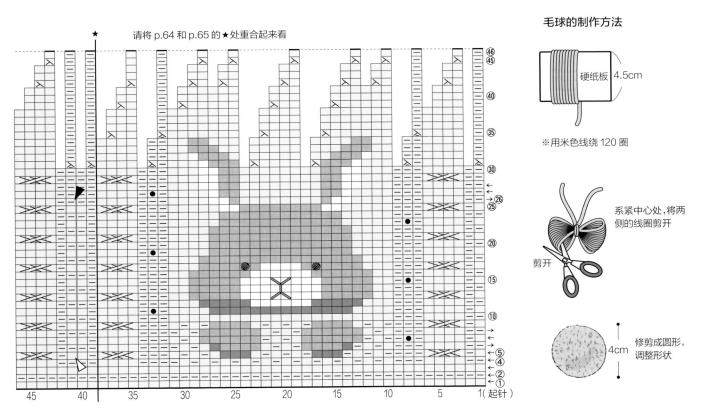

45 40 35 30 25 20 15 10 5 1(起针)

27 鹿〈脸〉

图片 … p.27　尺寸 … 15cm×15cm

○材料和工具
【线材】Puppy
British Fine/ 卡其色（028）…4g,
深棕色（022）、棕色（024）、红棕
色（037）、浅棕色（040）…各1g,
深灰色（012）…少许
Kid Mohair Fine/ 粉米色（3）…
1g
Puppy New 4PLY/ 黑色（424）
…少许
【针】棒针4号

□=回 下针

　　┌ □ = 卡其色
　　│ ■ = 深棕色
　　│ □ = 棕色
配色┤ ▨ = 红棕色
　　│ □ = 浅棕色
　　│ ■ = 深灰色
　　└ ⊡ = 粉米色

※编织织片，在指定位置刺绣

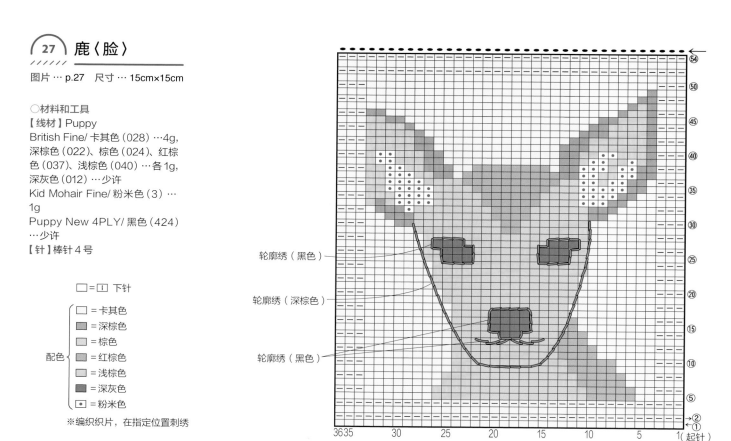

轮廓绣（黑色）
轮廓绣（深棕色）
轮廓绣（黑色）

28 鹿〈全身〉

图片 … p.27　尺寸 … 15cm×15cm

○材料和工具
【线材】Puppy
British Fine/ 鼠灰色（064）…6g,
棕色（024）、红棕色（037）、浅棕
色（040）…各1g, 米白色（001）、
深棕色（022）…各少许
Puppy New 4PLY/ 黑色（424）
…少许
【针】棒针4号

□=回 下针

　　┌ □ = 鼠灰色
　　│ ■ = 棕色
配色┤ □ = 红棕色
　　│ □ = 浅棕色
　　└ ■ = 深棕色

※编织织片，在指定位置刺绣

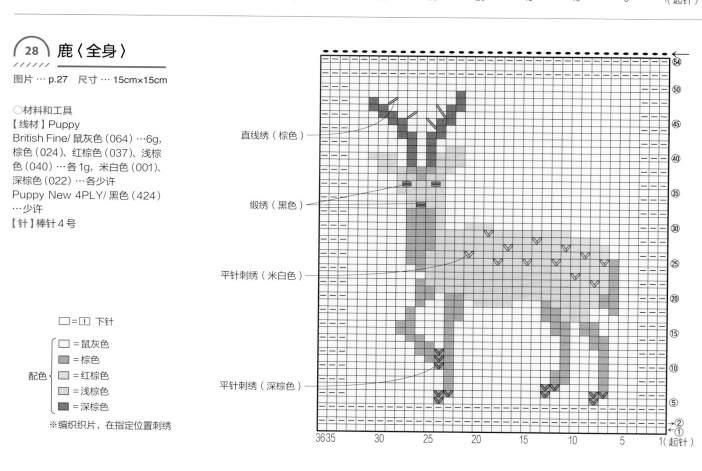

直线绣（棕色）
缎绣（黑色）
平针刺绣（米白色）
平针刺绣（深棕色）

29 考拉〈脸〉

图片 … p.28 尺寸 … 15cm×15cm

○材料和工具
【线材】HAMANAKA
Amerry F（中细）/ 森林绿（518）
…10g，灰米色（522）、灰色（523）
…各3g，自然白（501）…2g，桃
粉色（504）、燕麦色（521）、黑色
（524）…各1g
Merino Wool Fur/ 米白色（1）…
3g
Exceed Wool FL（中细）/ 灰色
（729）…1g
【针】棒针4号

□=□ 下针

配色
◎ = 桃粉色　　☑ = 燕麦色
□ = 森林绿　　■ = 黑色
□ = 灰米色　　□ = 米白色
■ = 灰色（523）　• = 灰色（729）
□ = 自然白

※编织织片，在指定位置刺绣
※用自然白色线刺绣

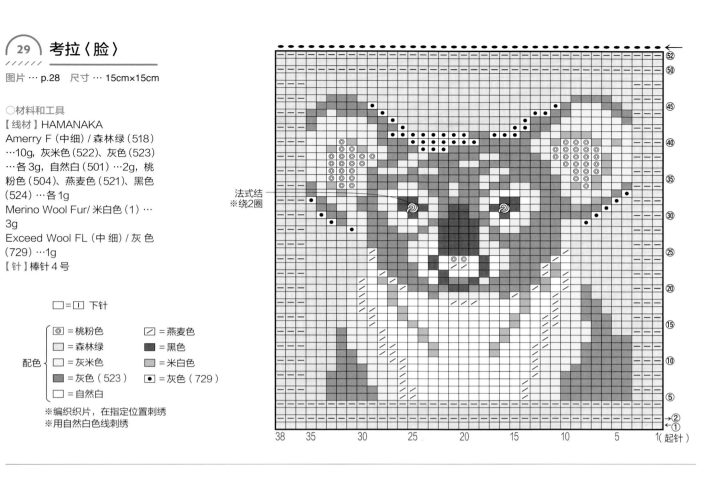

法式结
※绕2圈

---

30 考拉〈母子〉

图片 … p.28 尺寸 … 15cm×15cm

○材料和工具
【线材】HAMANAKA
Amerry F（中细）/ 薄荷绿（517）…
10g，燕麦色（521）、灰米色（522）、
灰色（523）…各2g，桃粉色（504）、
棕色（519）、黑色（524）…各1g
Merino Wool Fur/ 米白色（1）…
2g
【针】棒针4号

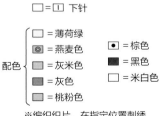
□=□ 下针

配色
□ = 薄荷绿
◎ = 燕麦色　　• = 棕色
□ = 灰米色　　■ = 黑色
■ = 灰色　　　□ = 米白色
□ = 桃粉色

※编织织片，在指定位置刺绣
※用黑色线刺绣

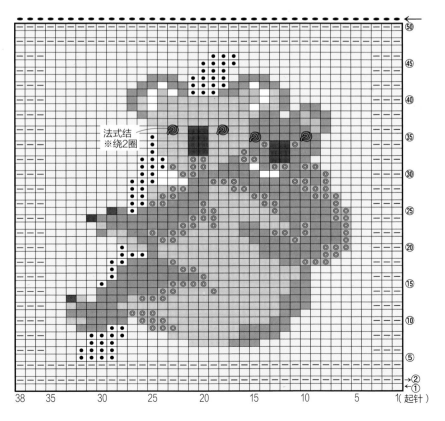

法式结
※绕2圈

31 狐狸

图片 … p.29　尺寸 … 15cm×15cm

○材料和工具

【线材】HAMANAKA
Amerry F（中细）/ 鹦鹉绿（516）…
4g，驼色（520）…3g，自然白
（501）、棕色（519）…各1g，深灰
色（526）…少许
HAMANAKA 中细纯羊毛 / 黄色
（33）…1g
Merino Wool Fur/ 米 色（2）…
3g，米白色（1）…2g
【针】棒针6号

□=Ⅰ 下针

配色
- □ =鹦鹉绿
- ▨ =黄色
- ▨ =驼色
- ▨ =驼色
- □ =自然白
- □ =米白色
- ▨ =棕色

※编织织片，在指定位置刺绣

轮廓绣（深灰色）
轮廓绣（棕色）

32 小熊猫

图片 … p.29　尺寸 … 15cm×15cm

○材料和工具

【线材】HAMANAKA
Amerry/ 青瓷色（37）…5g，巧克力棕（9）、自然白
（20）、肉蔻色（49）…各2g，肉桂色（50）…1g
Merino Wool Fur/ 棕色（4）…2g，米白色（1）…1g
Amerry F （中细）/ 桃粉色（504）…少许
【针】棒针6号

□=Ⅰ 下针

配色
- □ =青瓷色
- ▨ =巧克力棕
- □ =自然白
- □ =肉蔻色
- ▨ =肉桂色
- ⊙ =棕色
- ▨ =米白色

※编织织片，在指定位置刺绣

缎绣（巧克力棕）
轮廓绣（自然白）
　※对半分股
缎绣（桃粉色）
轮廓绣（巧克力棕）

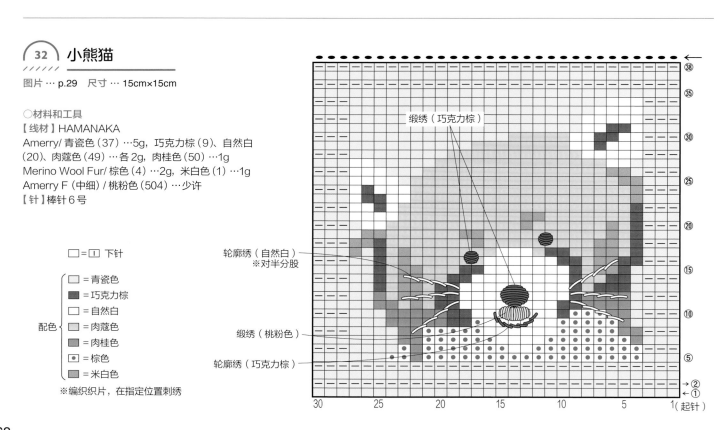

68

33 熊〈脸〉

图片 ⋯ p.30 尺寸 ⋯ 15cm×15cm

○材料和工具
【线材】HAMANAKA
Amerry/ 桃粉色（28）⋯7g, 纯黑
色（52）⋯少许
Merino Wool Fur/ 深棕色（5）⋯
4g, 棕色（4）⋯3g, 浅棕色（3）⋯
1g
【针】棒针6号

□=1 下针

配色 { ■ =深棕色
　　 □ =棕色
　　 ▨ =浅棕色
　　 □ =桃粉色

※编织Merino Wool Fur部分时需稍紧带线
※编织织片，在指定位置刺绣
※用纯黑色线刺绣
　眼睛、鼻子 ⬭ 为缎绣※分成2股线绣
　鼻下、爪子 ⬭ 为直线绣※对半分股绣

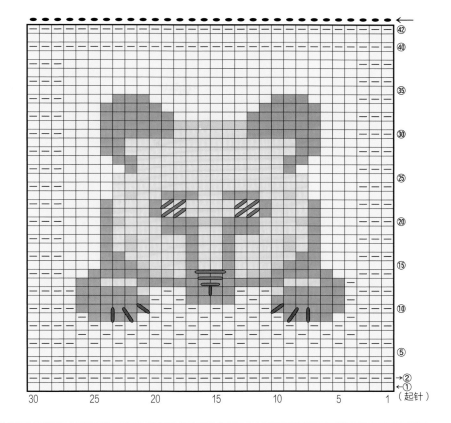

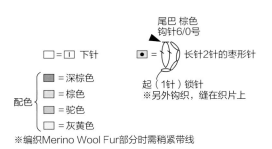 **34** 熊〈背影〉

图片 ⋯ p.30 尺寸 ⋯ 15cm×15cm

○材料和工具
【线材】HAMANAKA
Amerry/ 灰黄色（1）⋯8g
Merino Wool Fur/ 深棕色（5）⋯
3g, 棕色（4）⋯2g, 驼色（2）⋯
1g
【针】棒针6号，钩针6/0号

□=1 下针

尾巴 棕色
钩针6/0号
▶ ● = 长针2针的枣形针

起（1针）锁针
※另外钩织，缝在织片上

配色 { ■ =深棕色
　　 □ =棕色
　　 ■ =驼色
　　 □ =灰黄色

※编织Merino Wool Fur部分时需稍紧带线

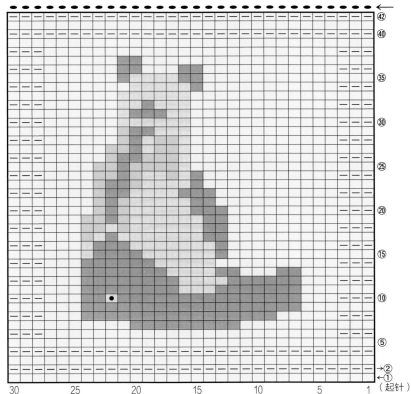

小挎包

图片 ··· p.31　重点课程 ··· p.38

○材料和工具
【线材】HAMANAKA
Amerry/ 肉蔻色（49）···27g，巧克力棕（9）···9g，纯黑色（52）···少许
Merino Wool Fur/ 深棕色（5）···4g，棕色（4）···3g，浅棕色（3）···1g
【针】棒针6号、钩针8/0号

○成品尺寸
参照图片

○编织密度（10cm×10cm）
平针：20针 ×28行
提花花样：18.5针 ×28行

编织方法

1 用手指起针法起32针，从包盖开始编织主体。在包盖中编入熊〈脸〉花样（参照 p.69），接着编织后侧和前侧，编织完成后伏针收针。
2 肩带用2根巧克力棕色线钩织，钩120cm（250针）双锁针绳。
3 沿着主体的底部线正面朝外折叠包身，两侧用起伏针挑缝的方法缝合。
4 将肩带缝合在包身两侧。

●整合方法
花样部分织完后会比较蓬松，用固定针按照成品尺寸固定织物，再用蒸汽熨斗轻轻按压熨烫。

主体

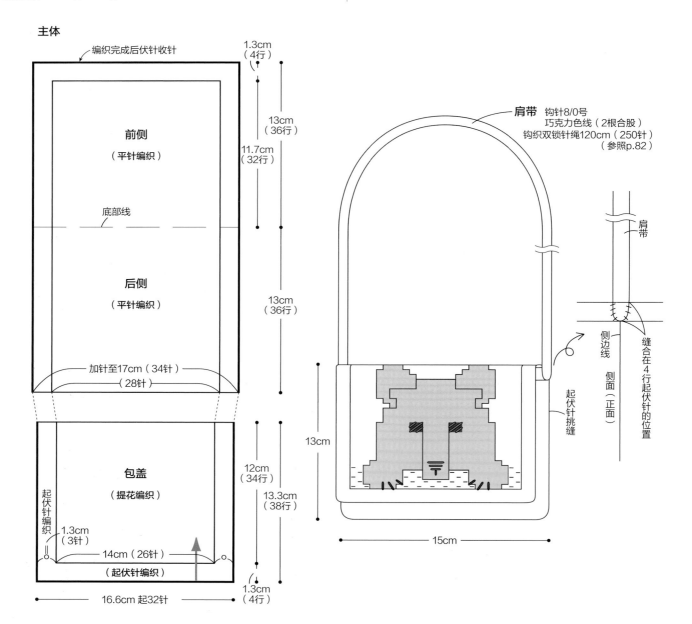

主体

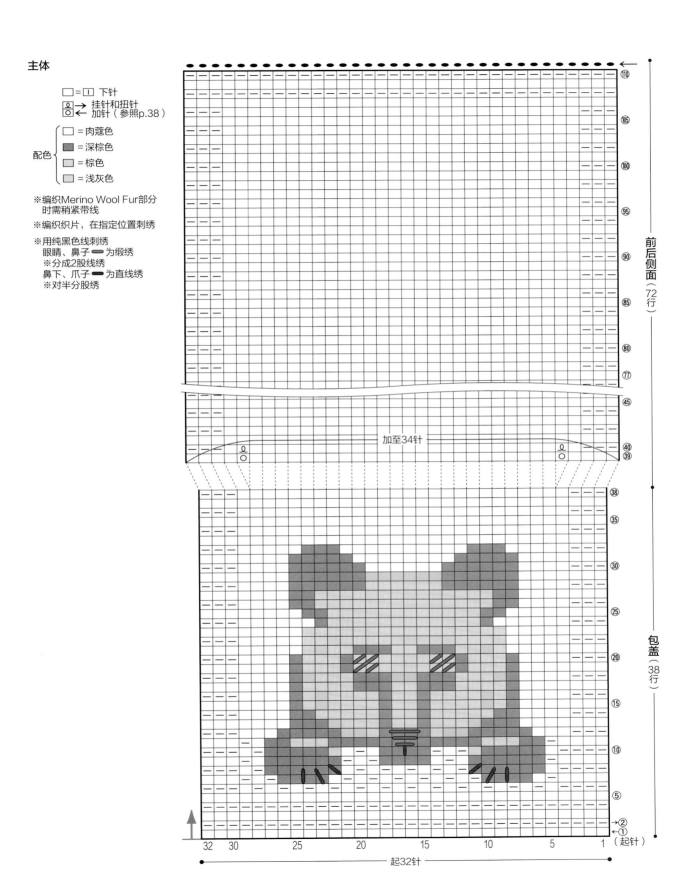

□ = 1 下针
⚬→ 挂针和扭针
⚬↩ 加针（参照p.38）

配色 {
□ = 肉蔻色
■ = 深棕色
□ = 棕色
□ = 浅灰色
}

※编织Merino Wool Fur部分
　时需稍紧带线

※编织织片，在指定位置刺绣

※用纯黑色线刺绣
　眼睛、鼻子 ➖ 为缎绣
　※分成2股线绣
　鼻下、爪子 ➖ 为直线绣
　※对半分股绣

加至34针

前后侧面（72行）

包盖（38行）

起32针

35 狮子

图片 … p.32　尺寸 … 15cm×15cm

○材料和工具
【线材】HAMANAKA
Rich More PERCENT/ 叶绿色
(104) …6g, 浅棕色(116)、象牙
白(124) …各2g, 米白色(2) …
1g, 黑色(90) …1m
Merino Wool Fur/ 浅棕色(3) …
4g, 棕色(4) …2g
【针】棒针6号

□=□ 下针

配色
　□ = 叶绿色　　　■ = 黑色
　☑ = 浅棕色(116)　□ = 浅棕色(3)
　■ = 象牙白　　　□ = 棕色
　□ = 米白色

※编织织片，在指定位置刺绣

眼睛 轮廓绣（黑色）
※对半分股

眼珠 法式结（黑色）
※对半分股、绕2圈

轮廓绣
（米白色）
※对半分股

轮廓绣（黑色）
※对半分股

36 老虎

图片 … p.32　尺寸 … 15cm×15cm

○材料和工具
【线材】HAMANAKA
Rich More PERCENT/ 蓝灰色
(119) …5g, 奶油白(20)、棕色
(87)、黑色(90)、浅棕色(116) …
各2g, 咖啡棕(9) …1g, 黄色(6)、
桃粉色(79) …各1m
Rich More EXCELLENT
MOHAIR < COUNT10 > / 米白
色(46) …2g
【针】棒针6号

□=□ 下针

配色
　□ = 蓝灰色　　　■ = 咖啡棕
　☒ = 奶油白　　　□ = 黄色
　☑ = 棕色　　　　Ⅱ = 桃粉色
　■ = 黑色　　　　□ = 米白色(3根合股)
　☑ = 浅棕色

※编织织片，在指定位置刺绣
※将黑色线对半分股后刺绣

眼睛 轮廓绣

眼珠 法式结
※绕2圈

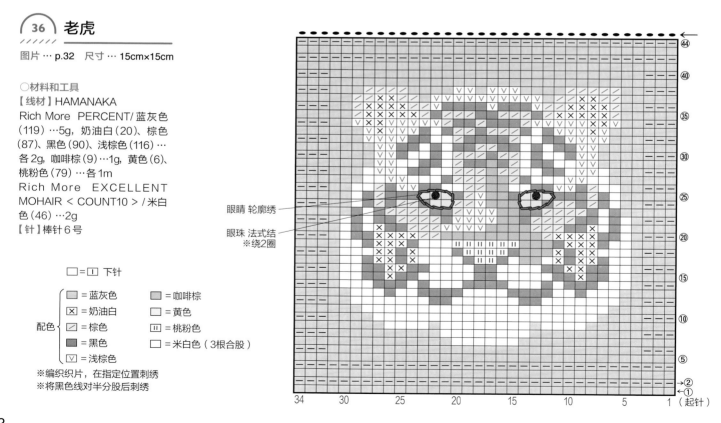

72

37 长颈鹿

图片 ··· p.33　　尺寸 ··· 15cm×10cm

○材料和工具
【线材】HAMANAKA
HAMANAKA 中细纯羊毛 / 水蓝色（39）···5g, 象牙白（2）、黄色（33）···
各1g
HAMANAKA Mohair/ 深棕色（52）、棕色（105）/ 各1g
【针】棒针 3 号

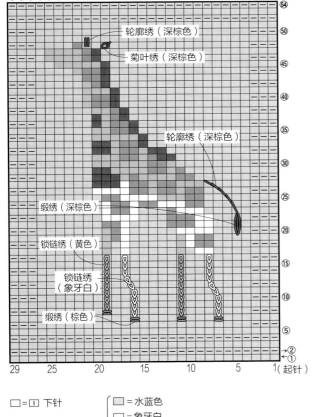

轮廓绣（深棕色）
菊叶绣（深棕色）
轮廓绣（深棕色）
缎绣（深棕色）
锁链绣（黄色）
锁链绣（象牙白）
缎绣（棕色）

29　25　　20　　15　　10　　5　1（起针）

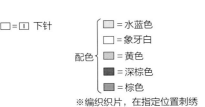

□＝I 下针

配色
＝水蓝色
＝象牙白
＝黄色
＝深棕色
＝棕色

※编织织片，在指定位置刺绣

39 袋鼠

图片 ··· p.35　　尺寸 ··· 15cm×10cm

○材料和工具
【线材】Puppy
Queen Anny/ 玫瑰粉（102）···12g
British Fine/ 土黄色（065）···4g, 米白色（001）、象牙白（021）、红棕色
（037）···各2g
【针】棒针 5 号

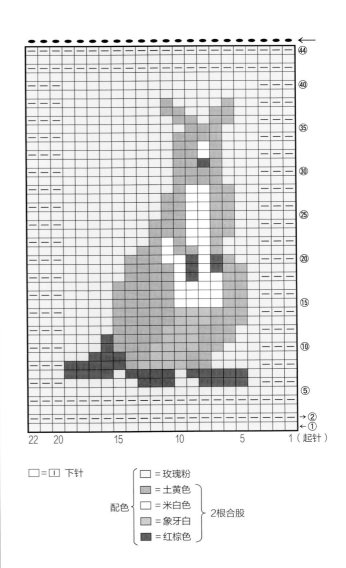

22　20　　15　　10　　5　1（起针）

□＝I 下针

配色
＝玫瑰粉
＝土黄色
＝米白色　　2根合股
＝象牙白
＝红棕色

零钱包

图片 … p.37

○材料和工具
【线材】HAMANAKA
Amerry F (中细) / 灰米色 (522) …6g，桃粉色 (504) …3g，深灰色 (526)
…1g，自然白 (501) …少许
【其他】拉链 (15cm) 粉色系…1根
【针】棒针 5 号

○成品尺寸
参照图片

○编织密度
平针、提花花样：10cm=20 针、28 行 =8cm

编织方法
1 用手指起针法起 38 针，参照编织图在前片编织提花花样和起伏针，在后片编织平针和起伏针。
2 将两个织片正面朝外重叠，挑缝左右两侧，平针订缝下侧。
3 安装拉链。

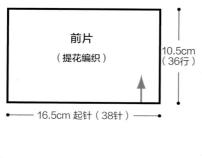

前片
（提花编织）

10.5cm
（36行）

16.5cm 起针（38针）

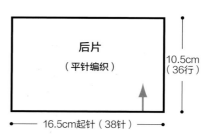

后片
（平针编织）

10.5cm
（36行）

16.5cm 起针（38针）

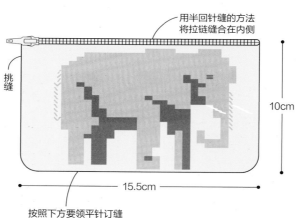

用半回针缝的方法
将拉链缝合在内侧

挑缝

10cm

15.5cm

按照下方要领平针订缝

●平针订缝（两边都是起针的情况下）　※ 下针缝合的方法。

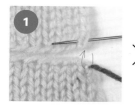
从下方织片的边缘处出针，在上方织片的边缘处入针。

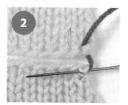
按照步骤❶的箭头方向，入针时劈开边缘针脚的线。

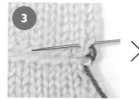
按照步骤❷的箭头方向在上方织片倒"八"字入针。

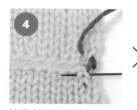
按照步骤❸的箭头方向在下方织片"八"字入针。

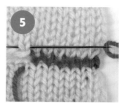
缝合数针后的状态。按照"上方织片倒'八'字入针、下方织片正'八'字入针"的规律缝合。

□ = □ 下针

配色 { □ = 桃粉色　■ = 灰米色
　　　■ = 深灰色 }

※编织织片，在指定位置刺绣

前片

缎绣（深灰色）
平针刺绣（灰米色）
半卷针绣（灰米色）
轮廓绣（自然白）
半卷针绣（灰米色）

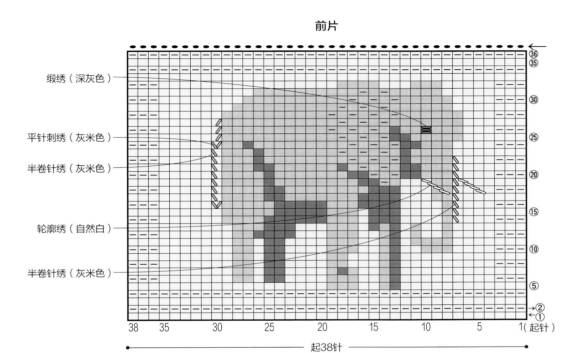

起38针

后片

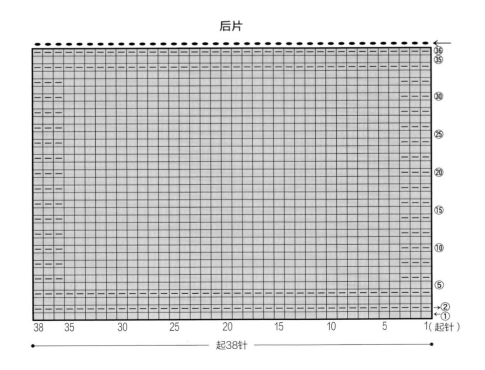

起38针

图片 … p.34　尺寸 … 10cm×15cm

○材料和工具
【线材】Puppy
Queen Anny/ 奶油黄（892）…
7g
British Fine/ 浅棕色（040）…3g，
棕色（024）…2g，象牙白（021）
…1g
【针】棒针5号

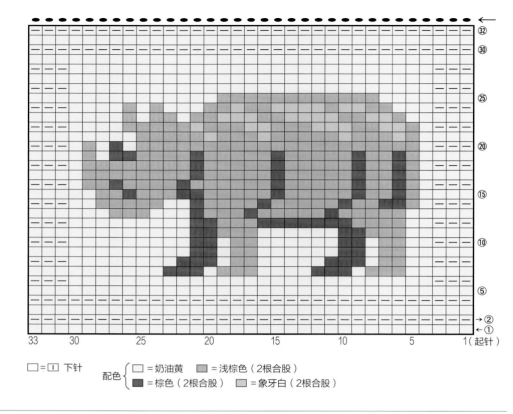

□=Ⅰ 下针　配色 { □ =奶油黄　■ =浅棕色（2根合股）
　　　　　　　　　 { ■ =棕色（2根合股）　■ =象牙白（2根合股）

图片 … p.36　尺寸 … 10cm×15cm

○材料和工具
【线材】HAMANAKA
Amerry F（中细）/ 桃粉色（504）
…3g，灰米色（522）…2g，深灰
色（526）…1g，自然白（501）…
少许
【针】棒针5号

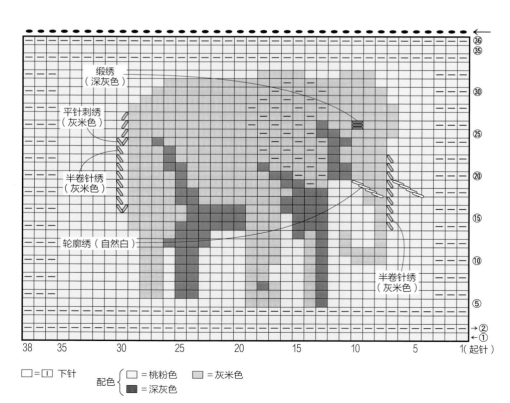

缎绣
（深灰色）

平针刺绣
（灰米色）

半卷针绣
（灰米色）

轮廓绣（自然白）

半卷针绣
（灰米色）

□=Ⅰ 下针　配色 { □ =桃粉色　■ =灰米色
　　　　　　　　　 { ■ =深灰色

※编织织片，在指定位置刺绣

棒针编织基础

符号图的阅读方法

　　本书使用的编织符号均按照日本工业标准（JIS）规定，表现的是织片正面所呈现的状态。

　　通常，奇数行在正面编织，从右往左编织符号图的对应针法。偶数行在反面编织，从左往右编织与符号图相反的针法。（例如，下针的相反针法为上针，上针的相反针法为下针。扭针的相反针法为扭上针。）在本书中，起针行为第1行。

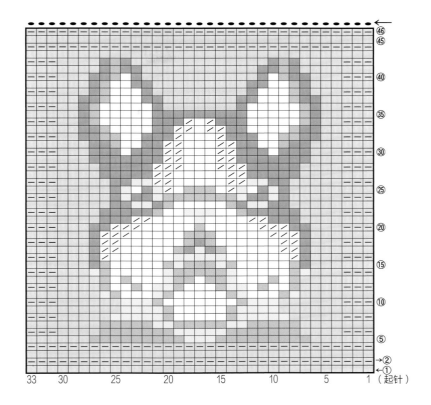

配色
- □ = □ 下针
- □ = 黄绿色
- □ = 灰色
- ■ = 黑色
- □ = 浅紫色
- □ = 米白色
- ☑ = 深棕色

织片的利用方法

　　本书中的织片可以相互组合连接，也可增加针数和行数，编织到所需长宽，对作品进行改编和创新。发挥创意，根据自己的喜好来制作想要的物品吧。

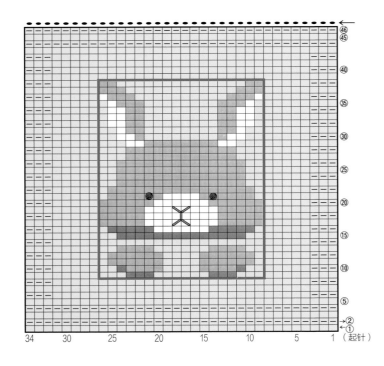

利用左边符号图□部分所制作的茶壶套（p.25）

本书使用的起针方法

起始针的制作方法

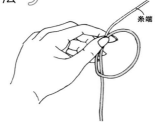

1
预留织物宽度约3倍长度的线头，制作1个线圈，用左手拇指和食指捏住线圈。

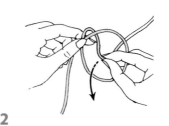

2
用右手拇指和食指从线圈中拉出线头。

3
在拉出的线圈中插入2根棒针，再拉动线头收紧线圈。起始的第1针制作完成。

起针（第1行）

1
制作好第1针后，将连着线团一侧的线挂于左手食指上，线头另一侧挂于拇指上。

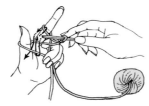

2
按照箭头方向转动棒针，在棒针上挂线。

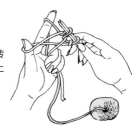

3
放开拇指上的线。

4
按照箭头方向，拇指位于线的内侧，向外绷紧线。

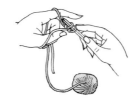

5
第2针完成。重复步骤**2~4**继续起针。

6
起针（第1行）完成后。抽出1根棒针，用这根针继续编织。

编织符号

下针

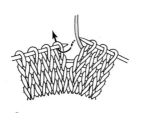

1
将线置于后方，右棒针从前方入针。

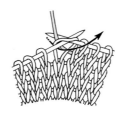

2
在右棒针上挂线，按照箭头方向将线挑出。

3
右棒针挑出线圈后，松开左棒针上的线圈。

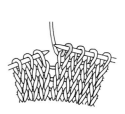

4
一针下针完成。

		1	2	3	4

上针

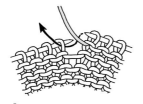

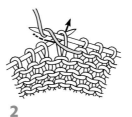

1

将线置于前方，右棒针按照箭头方向从后方入针。

2

按照箭头方向挂线挑出。

3

右棒针挑出线圈后，松开左棒针上的线圈。

4

一针上针完成。

挂针

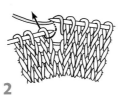

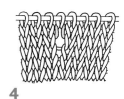

1

将线置于针前。

2

在右棒针上挂线，按照箭头方向在下一针入针，编织下针。

3

织了1针挂针、1针下针后的状态。

4

下一行完成后的状态。挂针处为洞眼状，针数增加了1针。

中上3针并1针

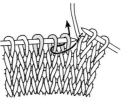

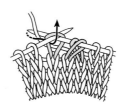

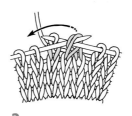

1

按照箭头所示，将右棒针插入左棒针的2个线圈中，不编织，将其直接移到右棒针上。

2

在第3针中入针，编织下针。

3

用左棒针挑起步骤 **1** 中移动的2个线圈，盖在刚编织好的1针上。

4

中上3针并1针完成。

右上2针并1针

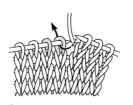

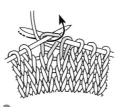

盖住

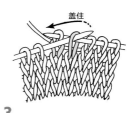

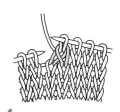

1

按照箭头所示，将右棒针插入线圈，不编织，将其直接移到右棒针上。此时线圈的朝向改变了。

2

在下一针入针编织下针。

3

用左棒针挑起步骤 **1** 中移动的线圈，盖在刚编织好的1针上。

4

右上2针并1针完成。

右上2针并1针（上针）

1

将左棒针边缘的2针互换位置，右线圈在前，左线圈在后。

2

按照箭头方向入针，将2针一起织上针。

3

※ 也可以按照箭头方向，直接从后往前入针编织。

3

右上2针并1针（上针）完成。

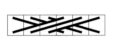

左上3针交叉

※ 即使改变针数，交叉编织的方法不变

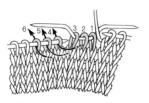

1

将左棒针的1~3针移到麻花针上，置于后方暂时不织。

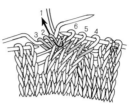

2

第4、5、6针织下针（参照步骤**1**的箭头方向）

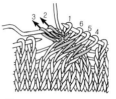

3

麻花针上的1、2、3针织下针。

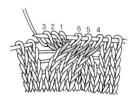

4

左上3针交叉完成。

长针2针的枣形针

1

用钩针起3针锁针，针上挂线，按照箭头方向入针，挂线钩出。

2

再次挂线，钩针按照箭头方向穿过2个线圈。此为第1个未完成的长针。

3

重复1次，钩第2针未完成的长针，针上挂线，钩针一次性穿过所有线圈。

4

将线圈从钩针移到右棒针上，长针2针的枣形针完成。接下来正常编织。

伏针

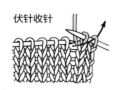

伏针收针

1

织2针下针，按照箭头方向将左棒针插入最右边的线圈中。

盖住

2

挑起最右边的线圈，盖在前一针上。

3

重复之前步骤，按照"编织1针下针，挑起右边的线圈盖住"的规律继续编织。

收紧

4

编织完成后，将线头穿入最后的线圈中收紧。

钩针编织基础

《 符号图的阅读方法 》

本书中的编织符号均按照日本工业标准（JIS）规定，表现的是织片正面所呈现的状态。钩针编织不区分正针和反针（内钩针和外钩针除外），正面和反面交替钩织时，钩织符号的表示是相同的。

▼=断线　▽=接线

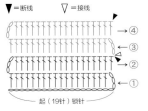

起（19针）锁针

片织时

起立针分别位于织片的左右两侧。当起立针位于织片右侧时，在织片正面按照图示从右往左进行钩织。当起立针位于织片左侧时，在织片反面按照图示从左往右进行钩织。图中表示在第3行根据配色进行换线。

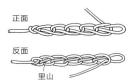

正面　反面　里山

锁针的识别方法

锁针有正反两面。反面中间突出的一根线，称为锁针的"里山"。

《 线和针的握法 》

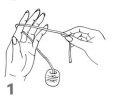

1
将线穿过左手小指和无名指，绕过食指，置于手掌前。

2
用大拇指和中指捏住线头，竖起食指使线绷紧。

3
用右手大拇指和食指持针，中指轻轻抵住针头。

《 起始针的钩织方法 》

1
将钩针放在线的内侧，按箭头所示方向转动钩针。

2
再将线挂在针上。

3
将钩针带线从线圈中拉出。

4
拉线头收紧线圈，起始针便完成了（此针不计入针数中）。

片织时

1
钩织所需数目的锁针和起立针，然后将钩针插入倒数第2个锁针的半针内，挂线引出。

钩1锁针作为起立针

2
在针上挂线后，按照箭头所示方向引出。

引出

3
第1行完成后的状态（起立针不算作1针）。

4针

《 在上一行挑针的方法 》

根据符号的不同，即使是相同的枣形针挑针方式也不同。符号下方为闭合状态时，要在上一行的1个针脚处挑针；符号下方为打开状态时，则要将上一行的锁针整束挑起进行钩织。

在1个针脚中钩织

1

2

◯ **锁针**

1
起针后按照箭头所示方向转动钩针。

2
挂线，将线钩出。

3
按相同要领重复步骤**1**和**2**继续钩织。

5针

4
5针锁针完成。

× **短针**

1
在上一行的针脚处入针。

2
在针上挂线，朝着自己的方向扭动钩针，将线引出。

3
挂线，一次性引拔穿过2个线圈。

4
1针短针完成。

81

《 双 锁 针 绳 的 钩 织 方 法 》

1
预留绳子长度3倍的线头，钩出最初的1针。

2
将预留线头从前往后挂在钩针上。

3
针上挂线引出。

4
重复步骤 **2、3**，钩到所需针数。钩织结束时不挂预留线头，直接钩锁针。

刺 绣 基 础

直线绣

轮廓绣

钉线绣

法式结

缎绣

菊叶绣

飞鸟绣